就是为了折腾

陌云 著

民主与建设出版社
·北京·

©民主与建设出版社，2024

图书在版编目(CIP)数据

活着，就是为了折腾 / 陌云著. -- 北京：民主与建设出版社，2016.8（2024.6重印）

ISBN 978-7-5139-1235-8

Ⅰ.①活… Ⅱ.①陌… Ⅲ.①成功心理-青年读物 Ⅳ.①B848.4-49

中国版本图书馆CIP数据核字（2016）第180092号

活着，就是为了折腾
HUO ZHE, JIU SHI WEI LE ZHE TENG

著　　者	陌　云
责任编辑	刘树民
出版发行	民主与建设出版社有限责任公司
电　　话	（010）59417747　59419778
社　　址	北京市海淀区西三环中路10号望海楼E座7层
邮　　编	100142
印　　刷	三河市同力彩印有限公司
版　　次	2017年1月第1版
印　　次	2024年6月第2次印刷
开　　本	880mm×1230mm　1/32
印　　张	6
字　　数	180千字
书　　号	ISBN 978-7-5139-1235-8
定　　价	48.00元

注：如有印、装质量问题，请与出版社联系。

目录 CONTENTS

不折腾，不成活

不折腾，不成活	002
趁年轻，赶紧折腾	005
我还是想沸腾地活着	007
拼了命地努力，才能成就自己	010
多问问为什么要做	013
没有不经过折腾就能得到的成功	017
活着就得找到意义	019
如果你还活着，那就折腾吧	022
就是想再试一试	024
生活不只眼前的苟且，还有诗和远方	025
想要改变命运，就要先改变自己	029
一句"平平淡淡"毁了多少年轻人	031

目录

认真就不会输

认真就不会输　034

"弯弯林"的秘密　036

"闲暇"的价值　038

自信是一种信念　041

做个眼神犀利的人　043

挨骂时怎么办　045

爱上正能量　047

慈善的境界　049

把苦难放在脚下　051

把劣势变为优势　053

把前传写得更精彩　055

把生活变甜　058

CONTENTS

"蹲"出来的财富	062
"果酱男孩"的果酱	064
"坏天气"变好事情	067
"灰姑娘"的故事	069
"久病成医"的专家	073
"免费保修"带来的财富	075
"天价"蔬菜种植记	077
10 美分的勇气	081
22 个混沌	082
25 岁,你在干吗	084
30 元的天价	087
40 秒的绚烂烟花	089
50 美元买来的百万财富	091

25 岁,你在干吗

目录

把时间花在进步上

把时间花在进步上	094
把自己变成天鹅蛋	096
开好自己的花	098
把自己给辞退	100
摆脱内心的欲望	102
搬起石头来干吗	104
半瓶水里看人生	106
包装人生	108
做最真实的自己	110
总有一朵花为你开放	112
卓别林的尊重	114
自卑化为动力	116

CONTENTS

再小的梦想也伟大

"自由"实验　120

阿　蒙　122

安静的力量　124

做一朵不会奔跑的花　126

做一滴揉不烂的水银　128

种下一株小桃树　132

钟点工是奥运冠军　134

欲望之路难回头　137

与猛禽为邻　139

时间的主宰　141

世界不按你的理想运转　143

不忽视自己的价值　145

再小的梦想也伟大　147

目录

让春天的花朵尽情绽放

爱的缘分　152

让春天的花朵尽情绽放　155

与一朵云相对　157

石头精灵　160

时　间　167

给自己一片好心　169

优雅人生　171

会传染的品质　173

清理空间，储存幸福　174

寻找快乐　176

与勤相对的懒　178

北方有佳木　180

人生随感　182

人从来就是一个矛盾体有其长处，必有其短处；有其优点，亦有其缺点。

一个有才华的人，不使劲儿折腾也许是出不了头的。

不折腾，
不成活

不折腾，不成活

[理想还是要有的]

那年他35岁，正是意气风发的好年纪，何况又刚刚拿到太学里的四门博士委任状，情致当然很好。虽然四门博士，约相当于今天的研究员，在冠盖满京华的长安，属较低职位，不为人待见。正如时下有的人在名片上标出"一级作家"字样，会有人因此将他或她，当作一盘菜吗？不过京师官员的身份，对一个苦熬多年的文士来说，也算讨到一个正果。做一名公务员，唐时和现时差不多，在有保障这一点上，总是值得欣慰的事。

他在公元786年（唐贞元二年），来到京师应试。那是当时的全国统考，要比当今的高考难上好多倍。他用六年工夫，一连考了三次，都以名落孙山告终。直到公元792年（唐贞元八年）第四次应试，老天保佑，他得中进士。随后，他又用了十年工夫谋官，因为中了进士不等于就可以到衙门做事，还需要参加遴选官员的考试，考上以后成为公务员，方可留京或外放。唐代的科举，一方面要有学问，一方面要靠关系，后者比前者甚至更重要一些。在后者上韩愈是个弱势考生，一无门第背景，二无要人荐举，不过他有性格倔强的一面，相信自己的本事，三次参加吏部博学鸿词科会试，结果却三次扑空。不认输的韩愈，接着上书宰相，陈述自己的能力和品格，足堪大用，求其擢拔，不知是宰相太忙，还是信未送达，写了三次信都石沉大海。看来命也运也难以强求，失望之余，他退而求其次，便设法到地方上谋一份糊口的差使。

[不折腾，不成活]

一个有才华的人，不使劲儿折腾也许是出不了头的。韩愈的一生，证明这个道理。人从来就是一个矛盾体有其长处，必有其短处；有其优点，亦有其缺点。

正好宣武军节度使董晋赴任，需要人手，他投奔而去，在其手下任观察推官。后来董晋病故，他又转到武宁节度使张建封属下任节度推官。不久张建封也病故了，不走运的韩愈连一个小小的法官或者推事，也干不成，只好回到洛阳赋闲。从贞元二年到贞元十八年，他的遭遇恰如《将归赠孟东野房蜀客》诗中"倏忽十六年，终朝苦寒饥"写的那样无比辛酸。不过文学讲夸张，诗歌讲比兴，难免浮泛的成分，可信也不能全信，韩愈的日子不算好过，却真是事实。韩愈的一生，怕穷是出了名的，一篇《送穷文》大谈穷鬼之道。元人王若虚讽刺过他："韩退之不善处穷，哀号之语，见于文字。"还奇怪他："退之不忍须臾之穷。"韩愈发达以后，很会搂钱，渐渐富有，一直富到流油的地步。唐人刘禹锡这样形容"一字之价，辇金如山"，稿酬之高，骇人听闻。但有了钱的他，为人也好，为文也好，仍旧哭穷不止。

现在已查不到他是怎么谋到四门博士这个位置的，但可以查到"国子监四门助教欧阳詹欲率其徒伏阙下，请愈为博士"（《韩愈年谱》）这样一条花边新闻。看来，他有群众，他有声势，甚至还有舆论支持，说明他颇具能量、挺能折腾。他竟然蛊惑国子监的师生一众，聚集紫禁城下，伏阙示威，要挟最高行政当局，必让德高望重的韩先生来教诲我们，不然我们就罢课罢教。学运从来都是领导人头疼的事，也许因此，韩愈得以到太学里任四门博士一职。这说明16年他漂在长安，混得不错。穷归穷，诗归诗，苦归苦，文归文，声望日高，人气颇盛，否则众多太学生也不会成为他的"铁杆粉丝"。

[既然有才华，就不做乖宝宝]

一个有才华的人，不使劲儿折腾也许是出不了头的。韩愈的一生，证明这个道理。话说回来，你没有什么才华，或者，有点儿才华也不大，还是不宜大折腾，因为这要折腾出笑话来的。同样，你确有才华、确有本事，你要不折腾，对不起，你就窝囊一辈子吧！凡既得利益者，因为害怕失去，无不保守求稳、循规蹈矩，努力压住后来者脑袋，不让他们出头；凡未得利益者，因为没有什么好失去的，无不剑走偏锋、创新出奇、想尽办法，使出吃奶的劲儿踢开挡道者、搬开绊脚石。看来韩愈成功的"葵花宝典"，奥秘和他始终以先锋、新潮、斗士的姿态出现有关。

应该说，要想在政坛、文坛立定脚跟，第一是领先，走前一步；第二是创新，与人不同；第三是折腾，敢想敢干，这是生死攸关的说不上是秘诀的秘诀。哪怕用膝盖思索，用脚后跟思索，也该明白：沿续前人的衣钵，前人的影子会永远罩住你；跳出前人的老路，没准能够开辟自己的蹊径。一个人，即使对自己的亲生父母，也不会甘心一辈子扮演乖宝宝的角色，何况有头脑、有思想、有天赋，因此不安于位的人呢？

趁年轻，赶紧折腾

生命在于运动。生命的特征是活跃，免不了左右腾挪，上蹿下跳。生命就是用来折腾的，折腾的生命显得生机勃勃，不折腾要生命还有什么意义。越是年轻越有折腾的资本，正所谓"少要癫狂，老要端庄"。折腾是青年人的专利，年轻时不折腾，老了一定会后悔。

谈场轰轰烈烈的恋爱。不管门第，不论年龄，不分国籍，不惧流言，只要看上了，就不顾一切去追。可以爱得要死要活，一日不见如隔三秋；亦可痛得刻骨铭心，因为失恋连死的念头都会有。不管成败，爱过了就甭问值不值，折腾这一回就一辈子都忘不了。

来一次冒险之旅。远可去南极，看极光，逗企鹅，浮冰上嬉闹，雪窝里打滚。高可攀珠峰，顶狂风，战雪崩，与高山反应较劲，和生理极限斗勇，王石老头尚且能行，你我青春小子如何畏惧？风险肯定会有，刺激则更喜人，若有这么一折腾，终生无憾。

时不时醉上一回。中年人饮酒，推推让让；老年人饮酒，点到为止；只有青年人，豪气干云，"会须一饮三百杯"。斗酒，大呼小叫；狂饮，不醉不归。说他折腾，他就有这个本钱；说他瞎闹，他就乐在其中。只要不当酒鬼，不是醉生梦死，何妨隔三岔五就来一回狂欢尽乐，对酒当歌，宣泄情绪，释放能量。

说一番惊世骇俗的话。小心翼翼，四平八稳，是老年人的性情；滴水不漏，八面玲珑，乃中年人的风格。青年人就要直抒胸臆，口无遮拦，说我偏激我就偏激，说我幼稚我就幼稚。黄口小儿刘邦出言豪放"大丈夫当如是"，垂髫屁孩宗悫"愿乘长风破万里浪"，弱冠农夫陈胜振臂高呼"王侯将相宁有种乎"？当初曾被视为信口胡说，如今都成传世名言。

做几件离经叛道的事。当然不是杀人放火，违法的事咱可绝不干。厌倦了按部就班，朝九晚五，就炒老板的鱿鱼，甭管他给多少钱；腻烦了重复劳动，无聊营生，就改做自己有兴趣的活计，哪怕血本无归；在一个城市待久了，就换个地方重新开始，扔了那些坛坛罐罐……"不作就不死"，但青年人像猫有九条命，咱经得起折腾，即便错了，也有时间弥补。而且折腾也是阅历、财富，折腾会使我们成熟、睿智，折腾就是青春的题中应有之义。

胆小不得将军做，自古英雄出少年。循规蹈矩，不是青年本色，敢想敢干，方为俊杰底蕴。折腾好了，说不定你就一飞冲天，成为人中龙凤，傲睨天下；折腾失败，你也知道自己有多少分量，明白天高地厚，就会老老实实过日子，娶妻生子，成家立业。

折腾，就是树挪死人挪活，会让你发现自己的潜能，增加你的信心。折腾，就是拿青春赌明天，固可以做大获全胜的美梦，也要有愿赌服输的思想准备。不赌肯定不会输，但也绝无赢的可能，要想活得精彩，活出名堂，该折腾就得折腾。

"哀吾生之须臾，羡长江之无穷"，人生难得几回搏，再不折腾就老了。

我还是想沸腾地活着

健身房的一位大姐,今年四十六岁,孩子都上大学了。刚进健身房的时候,她腰粗臀塌,尴尬地给我看裤腰边挤出的"游泳圈"。

后来,她找了个私教,开始虐身又虐心地训练。每天跑步两个小时,外加力量训练,一点点地增加哑铃、杠铃和其他器械的重量,即使在教练规定的休息日也坚持去做普拉提。和她一起训练的年轻人已经在器械区累得不行,她站起身抹一把汗,淡定地说声"明天继续来,不见不散哈!"

不到两个月的时间,她练出了四块腹肌和紧实的臀部,被所有健身房的人膜拜为"励志偶像"。

我问她:"为什么要这样练?"她说:"一定要在更年期到来之前拍一张最美的照片,证明自己没白活过一场。"

我们有时候聊到年龄,大姐说:"年龄怎么了?也许对其他人来说,年龄就是年龄,甚至是老了的标志。但我现在想通了,年龄不过是一个数字,不能阻碍你去做任何事情。"

每天在跑步机上看到大姐在旁边跑步,我都深觉无与伦比的振奋和昂扬。或许她走在路上,别人只看见她轻快有力的步态、恰到好处的衣装、神采奕奕的面容,但只有她自己知道,每一个汗水一滴滴流过脸颊、浸透衣衫的时刻,是如何度过。

原来,每一个年龄都可以活得精彩热烈,每一天都能让人生从内而外地发生改变。

诗人Mary Oliver曾说:"告诉我,你打算如何对待你仅此一次的、自由而珍贵的生命?"

最近,我反复地问自己这样的问题。在每一个懒惰、懈怠、无所事事的时候，我常常忘记自己拥有的每一个今天都是不可多得的一天。

人生仅此一次，有千千万万种活法，根本无从批判哪一种活法更自足和幸福。只是，我和这位大姐一样，想步履轻盈地活着，所以跑步、减肥、塑身，在锻炼身体的同时一点一点地锤炼自己的精神，直到它坚不可摧，直到它精致深邃。

健身房还有一位五十多岁的阿姨，老是动员我周末和她一起参加户外活动。作为一个宅女，我终于下定决心去了一次。旅游大巴停下，阿姨一上车便轻车熟路地拿出了靠枕，调整舒服的姿势坐下后与导游聊天。我才知道，她几乎每个周末都去参加驴友们的户外活动，有在本城市的登山观海、绕山徒步，每逢较长的假日还出游去往更远的景点。

在历数了自己的几次户外徒步经历后，导游称赞她："没想到您在这个年纪，体力还这么好！"她爽朗地大笑："那是因为我几乎每天都去健身房运动啊，比广场舞的运动强度可大多了。"

聊起平时的生活，她说："虽然到了我这个年龄，但是家庭啊、子女啊、孙子啊，并不是生活的全部。"即便她已经五十多岁，仍然热爱着每一个在健身房里挥汗如雨的时刻，也热爱着在工作之余的节假日里暂别丈夫和孩子、打包行囊走向万水千山的时刻。

坐在她的身旁，看着她流光熠熠的双眼和紧俏匀称的身材，让我觉得就连她眼角的皱纹和手背上的斑点都变得那么美丽。那真是我所见过的对于"老去"最好的诠释。

她在那些唠叨着子女迟迟不肯嫁娶，害自己年岁已大还抱不上孙子的同龄人中那样"另类"，因为她时时刻刻保持着好奇的双眼，在有机会有条件远走的时候，从未放弃对大千世界的探寻。她热爱和家人一起度过的温馨午后，也从未放弃拄着登山杖去看一场山顶的壮阔日出。多少人的生活里只有柴米和酱醋，她却一直一直，走向山川与河流。

工作之后，我一下胖了十斤，与身体一起变得沉重臃肿的，还有自己的心态。上学读书时的精气神一下子被稳定平淡的生活打败了，我甚至忘了曾经的许诺、期望、冒险的勇气、丰盛的理想。

回想自己这些年的成长历程，最怕的就是陷入一种"得过且过"的状态。纵容自己的食欲之后，就是心安理得于懒惰；抱着"差不多就行了"

的心态对待考试之后，就是抱着同样的心态对待工作乃至整个人生。

我的很多朋友，在繁忙的工作之余坚持充电，或者随时开启一项新的技能学习。充电或许是为了更快的职场晋升，技能学习却是为了让生活时刻保持一股新鲜又热情的劲头儿。他们在下班后去学习另一种语言，在周末参加极限运动，不断探索新的领域，不断尝试新的内容，好像一直过着饱满充实的生活状态。

很多时候，这些看起来似乎无用的小事，赋予生活的，却是实实在在的勇气和热情。因为这其中，不仅需要重新开始的决心，还需要挑战自我、坚持下去的意志。每一个心绪的波折，每一个流汗的瞬间，都是意志力的积累和人生观的锤炼。

这些小事，对健身房大姐来说，是日复一日去健身房打卡、严格管理自己的体重；对健身房阿姨来说，是和比她年轻三十岁的小伙子们一起，徒步绕行大山大河；对我的一些朋友来说，是攀岩、学外语、做业余翻译，甚至是主动加班——在他们无比热爱的岗位上多守一个小时，不是旁人眼里的辛苦和负担，却是自己心底的充实与满足。

人生多么短暂，就打活到八十岁来算，以我们的年龄，已经活了超过四分之一的里程。剩下不到四分之三的光阴里，比起得过且过，我还是想更用尽全力地活着。除了继续跑步、运动、读书、写字，还要去真挚热烈地爱一个人、去体验千千万万种精彩、去记录每一个美丽动人的瞬间，去将一个个日子过成平淡中自有精彩的诗篇。

我其实还有别的奢望——不想被迅速老去的年龄和纷纷扬扬下落的时间打败，不想被冷冰冰的现实和繁复冗杂的世俗打败，所以要笑得最热烈，活得也同样热烈。

我相信，如果这样，一个人永远也不会老去，至少灵魂不会。

拼了命地努力，才能成就自己

[1]

公司新来了一个实习生，清华的小姑娘，叫阿酱。我和她年纪相仿，每天在一起吃饭逐渐熟悉了起来。

阿酱有个男朋友，她称之为"少爷"。"少爷"是她的心肝宝，和她同届毕业，俩人已经买了婚房订婚了。

我看了下"少爷"的照片，长的有点像老气版杨洋——还挺帅的。

我问阿酱，为什么叫他"少爷"。阿酱说"他就这样，仗着自己家里条件好就有点少爷脾气"，言语间不是嫌弃是宠溺。

其实吧，长得帅智商高家里条件还好，这样的男生，该有点少爷脾气……搁我我也喜欢。

说实话挺羡慕阿酱的，清华念书，一毕业就找到如意的工作，还有如意的老公。

不过她说，她们班里有一白富美，投行实习三个月跟一同事好上了，恋爱半年私人飞机上被求婚。我想大概，高智商、家境好又美又年轻的清华女，嫁得好的不止奶茶妹一个——也许她还不算嫁的最好的那个。

[2]

阿酱是广东人，家境普通，长的普通，大概在阿酱的朋友圈里，她也就是很普通的那一个。

阿酱周一到周五在公司实习，周末去"少爷"自己开的密室逃脱店里帮忙，间或还得写论文，最近基本上每天都熬夜加班。

我问她天天熬夜加班这么忙累不累，她说不算累，读书的时候就已经练就了熬夜的本事，习惯了；而且，她在投行工作的同学还有更累的，连轴转30、40个小时是常事。

看得出来，阿酱对自己的生活状态挺满意，她拥有着自己想要的东西。以前我总觉得，女孩靠自己努力，并不是一件很值得光彩的事儿。

上了大学以及毕业之后，我们会更明白：你拼了命努力干得好，真还不如那些出身好、长得好、嫁得好的，这些空穴来风的资本，让某些人免去了好多些个努力挣扎。

现代社会价值体系下，崇拜的是白富美的阶级人群。白、富、美这三点，对于一个年轻女孩儿来说，百分之八九十都来自天生资源，天赐或幸运。

有的人出身比我们好，长的还比我们漂亮，从小接受好的教育，长大后，她聪明伶俐有教养，智商情商都不赖。

我们拿什么跟她比呢？

可是，我想阿酱会说，我们需要和她比吗？

最近很红的段子手薛之谦说："以前我总觉得这世界不公平，后来我才知道，这世界就是这么的不公平。"

成长，大概就是学会接受这种不公平。

[3]

你奋斗了十年确实不是为了和谁一起喝咖啡，也不用和谁喝咖啡；你就是你，承认这种公平，再按照自己的人设、自己的方式，在这样既定的事实下努力，去奋斗，实现自己哪怕是一点点微小的理想。

也许你的梦想是别人毫不费力就触手可及的，但你就是你，上天就是给了你一个普通人的人设。没什么大不了，想要，只是需要比别人走的路多一点点而已。

不要问我为什么不公平，为什么别人一生下来就这么容易达到目标而我却这么难？

于他们，我们确实晚了很多年，但我们不能理所当然的晚了。

王思聪说，感谢上帝给了我一个容易的人设。你的通关人设只是比他难一点，没什么大不了的；况且如果真的通过，那该是件多爽的事！

毕竟，超级玛丽和英雄联盟玩穿的意义是完全不一样的。

[4]

我以前公司的领导叫璐璐，今年28了，工作基本上没到9、10点是不走的。

我们还老是调侃她："又不下班啊？怪不得你没男朋友。"

璐璐笑笑，上完洗手间就回工位工作。

我离职的时候她告诉我，公司今年新三板上市后，她就去老板的新公司任职品牌总监了——这是她一直以来的规划，如愿了。

前公司的leader在我的《女孩子是否应该去大城市闯一闯》底下评论：其实北京是一座努力就会有回报的城市，只不过有些人太浮躁了。

我才知道，左手是时尚干练的市场总监，右手是幸福靓丽的新晋辣妈，看起来光鲜亮丽的白富美leader，并不是天生的人生赢家，想当年刚刚留学归国后的她，也是从北漂开始的。

直到现在，忙起来熬夜加班也是常事。刚来北京租房的时候，室友叫晓燕。

晓燕高我一届，从普通员工到成为部门领导的秘书也就用了一年。她像所有女孩一样爱漂亮，不过天生有些瘦小，相貌并不怎么出众。

后来她告诉我，她小时候家里很苦，母亲是聋哑人，她出生后由于是女孩父母差点把她遗弃。后来她被送到舅舅家抚养，长大后读书的学费都是舅舅家出的。

一路走来这么多坎坷在她脸上却一点也看不出来，她有时会熬夜做PPT，自信努力，工作得力，与男友的感情也是从青梅竹马到瓜熟蒂落。

上次她男友来，做了一桌子川菜，吃得我直接想嫁。

我所知道的，那些熬夜熬出来的姑娘，最后都无一例外的，拥有了自己想要的生活。圆满，幸福。

多问问为什么要做

今天我想讨论改变世界的话题。很多人会说你怎么创立企业，或怎么解决问题。但是，今天我想要讨论一个不一样的问题。不是"怎么去创立"，而是"为什么创立"。这就是使命的本质。

今天我想说三个故事。

第一个故事关于相信你的使命。

2004年，我创立Facebook，是因为我觉得能在网上和人连接是非常重要的。

那时候，互联网上有很多网站，你可以找到差不多所有的东西：新闻，音乐，书，电影，买东西，可是没有服务帮我们找到生活上最重要的东西：人。

人是我们生活中最重要的。请大家看这个房间，你们看到什么？不是这个桌子，这个椅子，是这里的人。这是人的特点。

每个人都想跟他们的朋友和家人联系。当我们可以分享和联系，生活会变得更好。当我们分享和联系，我们可以和家人和朋友有更好的关系。我们的企业更强大是因为可以和客户有更好的沟通；社会也会变得更强大是因为我们知道得更多。

当我创立Facebook的时候，我不是要创立一个公司，我想要解决一个非常重要的问题，我想把人们连接在一起。

当你有使命，它会让你更专注。

第二个故事关于用心。

如果你有了使命，你不需要有完整的计划，往前走吧！你只要更多用心。

我在哈佛大学的时候，我和我朋友每天晚上吃披萨，讨论未来。我们推出了Facebook第一版本的时候，我记得我们非常高兴我们的产品连接了学生。当时，我们想，总有一天有人会创造连接世界的产品。

有趣的是，我没想到我可能会建立这个连接世界的产品。我只是一个大学生。我觉得一个大公司，像微软或谷歌会开发这个产品，他们有好几千的工程师和上亿的用户，他们应该开发国际社交网络。

但是，他们为什么没做？

我常常想这个问题。我们只是大学生我们没有计划，我们没有资源。我们是怎么创造出世界上最大的互联网社区？有十五亿人以上？

我觉得我们只是更多用心。

在路上的每一步，都有人会说新的想法不会成功。

我们面对过好多问题，需要改变好多次。我们开始只是一个小产品，为美国的学生服务。

一开始的时候，有人说："Facebook只是给学生用的，所以它永远不会是重要的。"可是我们还是继续。把Facebook开放，给所有人用。

后来，又有人说："好，现在别人也用了Facebook，但是他们很快就不会再用它。"

可是我们还是继续。

人们一直在用，是因为人跟人连接是很重要的。

然后有人说："可能它在美国有用，但它不会在其他国家有用"。可是我们还是继续。开发到了世界其他国家。

又有人说："社交媒体永远不会赚钱"。可是我们还是继续，建立了一个强大的业务。

然后有人在说："人们不会在手机上用Facebook"。可是我们还是继续，现在我们成立了移动为中心的公司。

当时，我们不知道这些问题的答案。没有人知道。

我们每次继续是因为我们用心。

很多公司在创造社交媒体，但是他们害怕这些问题。

我们相信，社交媒体和连接世界是重要的。我们相信，虽然我们不知道每个答案，我们还可以继续帮助人们，连接人们。

我们只是多用心了一点。我们一直在努力,现在十五亿人在用Facebook。

不要因为要改变,就放弃。中国有一句话我觉得很好:"只要功夫深,铁杵磨成针"。一直努力,你会改变世界。

第三个故事关于向前看。

马云说过一句话我很喜欢:"和15年前比,我们很大;但和15年后比,我们还是个婴儿。"

为了重要的使命,你了解得更多,你也会觉得要做的事情更多。

十年前,我们的目标是连接十亿人。因为以前没有互联网企业做过,所以我们觉得这是一个很大的目标。

当我们达到了这个目标,我们开始了解十亿只是一个数字,我们真的目标是连接整个世界每一个人。

这难多了。

世界上差不多三分之二的人没有互联网。把他们连接起来,我们必须扩大整个互联网。

要做到这个,我们要解决很多的问题。超过十亿人不住在网络附近。所以我们需要创造新的技术,像卫星和飞机,把他们连接起来。超过十亿人没有钱上互联网,所以我们需要让互联网更便宜。大约二十亿的人没有用过电脑或互联网,所以我们需要创造新的方案,帮助他们连接起来。

三年前,我们成立Internet.Org,去扩大互联网。我跟我们的董事会说,我觉得我们要花十亿多美元。他们问我:这个东西怎么赚钱?我告诉他们:我不知道。但是我知道,连接人是我们的使命,这是非常重要的。我们必须向前看,我们现在还不知道整个计划,但是如果我们帮助人们,未来我们也会受益。

这就是向前看的意思。每走一步,你可以做新的东西。以前你觉得是不可能的,现在就可能。现在你有面对非常难的挑战,你努力,也会解决这些挑战。一直向前看。

中国历史是一直创新的。中国给了世界四大发明:造纸、印刷术、指南针和火药。

学习对创新最重要。几年前，我的妻子，Priscilla，在一个北京的医院学习。她选择北京，因为她想要在中国向非常好的老师学习。

我的中文很糟糕，但是我还是很喜欢学习中文。

你多学习，会在生活里创新，也会在企业里创新，你就什么都可以做。

在你开始做之前，不要只问自己，你怎么做。要问自己：为什么做？

你应该相信你的使命。解决重要的问题。非常用心。不要放弃。一直向前看。

你们可以成为全球领导者，可以提高人们的生活。可以用互联网影响全世界。

我非常兴奋今天在这里可以和清华学生和线上的朋友交流。多谢大家给我这个机会。让我们一起来连接世界。

没有不经过折腾就能得到的成功

"世界上没有完美的东西,我是离完美最近的那一个。"这是多年前,罗永浩在应聘新东方讲师的求职信中对自己的评价。正是这种近乎自负的自信,才成就了今天非凡的他。

罗永浩,1972年出生于吉林省延边朝鲜族自治州和龙县。1989年,他从延边第二中学退学。后来他筛过沙子,摆过旧书摊,代理过批发市场招商,做过期货,担任过北京新东方学校讲师,创办过牛博网和老罗英语培训学校,并演讲出书,最后创立了锤子科技公司。

罗永浩的创业过程,得力于两位"贵人"的鼎力相助。在牛博网的国内服务器被关闭后,作家冯唐为其筹钱,做起了英语培训,两年后这家公司便实现了盈利。

当他为再度创业而踌躇的时候,冯唐为他指了一条做大众消费品的路。罗永浩左右权衡后,认为手机是一个好的切入点,但做手机面临着种种现实问题。身边的朋友、以前的同行和投资人都反对他去冒这个险。就在他几乎要放弃这一想法的时候,陌陌的创始人唐岩对罗永浩说的一句话——"你都40了,再不做点自己想做的就来不及了"坚定了他做手机的信念。2012年4月8日罗永浩宣布做智能手机,2014年5月20日,罗永浩正式发布了首款智能手机产品Smartisan T1。

由于此前罗永浩高调宣传T1,大量抨击过市面上的同类产品。很多人认为他只会大放厥词,拖累了对外界对手机的评价,且手机定价3000多元,远远超过国产手机的通常定价这一点被大肆嘲讽,再加上T1对加工工艺要求颇高,产量一直上不去,导致很多对手机感兴趣的人长时间买不到。T1最终只买了20多万部。

2015年8月，锤子科技CEO罗永浩在上海举行了一场新品发布会，带来了他蛰伏已久的转身之作"坚果"，给千元机市场投下炸弹。闭关大半年后重出江湖，那个口无遮拦、好斗、一点就着的罗永浩不见了，取而代之的是深谙手机行业规律、出言谨慎、把骄傲藏于内心的理性商人。

达人探微

1. 成功离不开生命中的贵人。不可否认，一个人的成功与个人的努力及能力有很大的关系，但是在重要的关口，如果有贵人的指引和扶持，会让你少走很多弯路。罗永浩的成功转型就离不开冯唐和唐岩这两位生命中的贵人。没有他们，也许罗永浩也会成功，但花的时间肯定会更长，成就也可能比不上现在。

2. 准确定位，走自己的路才有未来。锤子科技最引以为傲的就是手机系统。罗永浩深信"只有偏执狂才能生存"。Smartisian OS流畅、美观，对细节的精雕细刻为锤子科技赢得了一众忠实的拥护者。找对方向，准确定位是产品适应市场市场需求，提高竞争力的重要手段。

3. 奋斗，让生活多姿多彩。生命不息，折腾不止。折腾，就是不断奋斗的过程。从昔日筛沙子、摆地摊到今天锤子科技的CEO，行业跨度之大、角色变换之多令人称奇。可以说，罗永浩的人生就是一部奋斗史、一部传奇剧，也许中间走过弯路，遇过挫折，但是没有这番折腾，怎么知道自己适合做什么？怎么知道生命有如此之多的可能？

活着就得找到意义

曾有人问我,潇洒是什么?潇洒是一种自信。自信,一种从容,一种奔放,一种拿得起放得下的豁达,一种饱经人生沧桑而又自得其乐的爽快,一如鱼在水中畅游,鸟在枝间啼鸣,鹰在天空飞翔,马在草原奔驰。

潇洒与玩物、玩色、放浪不可同日而语。有人赚很多钱,却一掷千金,他是为了玩物、玩色、玩心跳,那不叫潇洒;还有人把泡妞、玩赌场视为人生的快乐,那也不叫潇洒。

潇洒与低级趣味无关,更与吝啬苛刻绝缘。它是一种睿智,一种修养,一种恬淡,一种高尚而富有理智的追求。

没有追求就没有美好的生活,没有潇洒就没有人生之乐趣。

人之所以会心累,那是因为贪婪,不知足;如果不让自己心累,那就得看开一点,看淡一点。人之所以会痛苦,那是由于想得太多,得不到的偏想得到;人之所以不快乐,那是因为太过于计较,不懂得舍弃和放下。

我老乡的一位父亲,赚了不少钱,但他一生勤俭,舍不得吃穿,去世后竟发现他床头柜的小盒子里收藏了近五万块钱。老乡跪在地上哭喊道:爹,你自己身体都不要,收藏那么多钱干什么?为什么舍不得吃,舍不得穿,苦了自己?

人过于吝啬,把自己的命都搭上了,是不是太过于苛刻,活得太累?这样活着已经失去了人生潇洒的意义。

我身边还有这么一种人,赚了钱不是为孩子,为家庭,为父母,而是专为寻找刺激,到处寻花问柳,把大把的钱拱手送出,为他人做嫁衣。还美其曰活得潇洒。

这样的潇洒失去了人生的价值,失去了作为一个人的基本准则。

潇洒不是随意乱花钱，而是要花得有价值，有品位。仅为寻找刺激而潇洒，已完全失去了潇洒所赋予的真正含义。

我曾羡慕过有钱人的潇洒，也希望有朝一日成为大款，手提笔记本电脑，脚踏宝马车，身着皮尔·卡丹，一脸风光地与我心爱的人儿牵手相伴，招摇过市，逛商场、泡酒吧，睡宾馆，高歌潇洒走一回。

但这种潇洒不是我辈所能求。要是人人都成了大款，这个世界不知会变成啥样。

在当今物欲横流的变革年代，当滚滚商潮以迅雷不及掩耳之势猛烈地撞击着人们心扉的时候，如今一提潇洒，又不得不与金钱接轨，别人还会问你，你玩潇洒有多少钞票？

是的，潇洒需要钞票。每当我携妻于大休日去逛商场，看到那琳琅满目挂在衣架上款式新颖标价上千甚至上万的衣服时，再拍拍钱包，我只能望着那昂贵的价格望衣兴叹！我何尝不想让爱妻穿戴得新潮漂亮一点，无奈囊中羞涩，只好愧对妻子露出酸楚的一笑，在物美廉价的世界里为妻子寻找一种时尚。

我也曾屡屡接受过几个有钱好友的盛情邀请相聚于歌厅酒吧，但每每看到他们毫不吝啬地啪啪甩出一大把现钞时，我感到这种潇洒已超越了生活的本身，顿觉自己成了时代的落伍者。

每个人都有自己活着的方式，每个人的性格也各有千秋。无论你是大把花钱也好，或是身着名牌脚踏名车也罢，都是一个人追求和享受的自由，任何人无权干涉，更没有理由说三道四。然而，那种与现实脱节的潇洒我只能走之却步。

殊不知，有些年轻人为了装饰自己的脸面，不惜背着负债的痛苦，也要喊出潇洒走一回。还有些年轻人，自己没本事挣钱，却毫不脸红地当起啃老族，从父母哪儿大刮其财，盗用父母的血汗钱去泡酒吧，逛舞厅，还口口声声言其曰：活得真是潇洒！尽管我也有钱，尽管我也可以去充阔，但我决不会打肿脸庞去追求那种脱离生活实际而不顾自己家庭有无油盐柴米的所谓潇洒。

我不在乎别人说我寒碜，骂我迂腐，笑我小气，在我经济条件允许的范围内，我乐意去追求属于我的那份潇洒。

明丽的春日或节假日,我会带着我的爱妻和小女到附近山上去游玩,然后用自家备好的食物,去森林公园或田畴地坎旁搞烧烤,呼啦啦地吃得满嘴生香,尽情感受大自然带给我们一家人的快乐和潇洒。

有时我也会用我的稿酬或奖金,相邀几个要好的挚友,骑上自行车,穿越繁华的闹市,一路风驰电掣,直奔乡下的农家小院。然后选择一间干净古朴的吊脚小木屋,几个人围坐在一张古色古香的八仙大桌旁,一边聆听潺潺流动的溪涧水声,欣赏景色宜人的田园风光,一边品着农民朋友自己酿造的米酒,大块地吃着农家鱼肉,碰杯交盏,笑谈人生。待酒喝到有几分醉意时,再哼着民间小调,敲锅盆,击小碗,拍桌子,在一阵狂吼乱叫之后,奔向室外,相拥一身和风丽日,醉卧在溪边绿茵茵的草坪上,对着蓝天高山大声喊话,尽情感受山野汉子那种粗犷的潇洒。

在朋友生日的烛光晚会上,我会拉响我心爱的手风琴,然后随着那一曲曲悠扬的旋律,伴着一声声祝你生日快乐的祝福歌,尽情感受真诚友谊带给我的浪漫和潇洒

人生的潇洒不仅仅只局限于大酒店的饭桌上,宽敞豪华的歌舞厅,有时于空闲里也可以陪妻和小女在自家的客厅里,拿着有线话筒,对着荧屏画面,伴着音响节奏,举行一次家庭KTV演唱会,于嬉笑声中感受快乐家庭带来的潇洒情调。

潇洒不能只看着是有钱人的专利。你只要懂得潇洒真正的含义,你只要有一种良好的心态,高尚的情趣,或者有一帮志趣相投的好友,无论你是有钱人还是无钱人,无论你处于何种地位,你每天都可以从自身所感受的潇洒中,获得幸福和快乐。

生活是美好的,而生命是短暂的。人生的意义就是要懂得怎样去生活。让我们学会善待自己,珍爱生命,在繁忙的工作之余,尽快把自己从烦恼和压抑的心境中解放出来,寻找一种释放自己激情的生活方式,携着自己心爱的人儿,去田园,去乡间,或相拥大自然,快快乐乐地潇洒走一回。

因为人活着必须有意义,活着就是为了潇洒!

如果你还活着,那就折腾吧

我上小学时,有段时间语文老师病了,学校便让体育老师来代课。当时正好学李白那首《夜宿山寺》——"危楼高百尺,手可摘星辰。不敢高声语,恐惊天上人。"

面对我和小伙伴们好奇求知的目光,体育老师用一句话就搞定了整节课的内容,他说,楼太高,吓得都不敢说话了。

我们都笑,他也笑,还得意地说,我这么说你们就都懂了吧?古人就是啰唆,挺简单的事,整那么复杂,累不累啊?

然后整个小学时代,我们班同学都恪守着体育老师的文学思想,把所有学到的诗词都进行简单粗暴的总结。"床前明月光"那首,就归纳为"看到月亮,想家了","好雨知时节"那首,则被说成"昨晚下雨了,没听着"……

直到上了高中,读到李清照的"寻寻觅觅,冷冷清清,凄凄惨惨戚戚",我才惊觉,有些复杂无法简单化,因为复杂里有一种叫"美感"的东西,一简化就丢了。回头再读从前学过的诗,不禁愧疚满怀,真是辜负了诸位大诗人的美意。

大概是因为被体育老师伤过,后来我对极力求简的行为,总会有所质疑,尤其在这个事事追求简单便捷的时代。

不可否认,很多简单的东西的确也是美的、有营养的、令人愉悦的,但简单永远不能完全代替复杂,比如诗歌、戏曲、建筑、美食、习俗,太多太多的东西,都要在繁复的、悠长的、起承转合的过程里,才能表达出无尽的美意,彰显出其隆重、盛大、非同寻常。

一出戏,情节太简单就没意思;一首歌,音调太单一就难有韵味;一座建筑，如果只是简单的横平竖直，就丧失了审美的意义。

半年前，我一好友结婚，她在请柬上毫不客气地要求我们穿高跟鞋和礼服，还严格规定我们几点到场，从酒店的哪个门进。我对这种无礼要求感到生气，当时就打电话骂她神经病。她体谅我对高跟鞋和礼服的恐惧，但还是坚决要求我必须如此穿戴。

万般无奈，那天我跟另一好友穿得跟两新娘似的去了。结果发现，幸好准备充分，否则都不好意思进门了——从酒店大门到礼堂，要经过一个小广场，人家在那儿铺了红毯，宾客都跟电影节的明星似的，要在围观亲友中款款走过，要留影，要在签名板上写祝福……拉风极了。

而整个典礼更是繁复隆重，各种仪式各种讲究，足足折腾了两个多小时。我和同去的好友开始还撇嘴嘀咕，骂她自找麻烦，但进行到最后，我们不得不承认，这才叫结婚，才叫一生一次的托付。然后各自回想起自己的婚礼，都觉得太潦草了，潦草得简直不想去回忆。

那婚礼我到今天还记忆犹新，感受比自己结婚还深刻。

看来，大事就是要有个盛大的仪式，有个隆重细腻的表达。没有纷繁复杂耗尽心力，没有细枝末节的精致描摹，大概就不能切身体会其重要性，就没有直达心底的震撼和触动，就不能留下浓墨重彩的一笔。

现代人喜欢说"简单就好"，当然，平常日子可以简单过，但对于确实需要折腾一下的事情，也应该"得折腾处且折腾"。虽然人们都怕麻烦，但有些麻烦确实是有意义的。

人生不能总按照体育老师的思维前进，必要的时候，也需要有点《红楼梦》的精神。太精简的生活，会淹没掉许多深层的美感和乐趣。

就是想再试一试

某日，闺蜜邀我去参观新居。房子格局好，风水佳，闹中取静，最重要的是，还附赠一个小院，种几方花草，摆上阳伞秋千，咖啡一品，书卷一翻，绝对乱世桃花源。

我由衷欢喜，问她，先前也没听你说过，怎么就突然发现这么一处好房源呢？

闺蜜讲了一个挺有意思的故事。

她说，有天走在街上，有个发小广告的拦住她："姐，看看我们房子。"按一贯方式，她不接广告不摆手，视若无睹地径直走过去。走了足有五分钟，这人竟一路尾随，毫无退意。最后她烦了，站定，呵斥："有完没完，你看不明白我的意思吗？"那人说："你没有明确拒绝，我就想再试一试。"闺蜜讲到这里说："有点感怀，就冲他最后一句，我接了。"

从小到大，我接受的教育一直是——顺其自然，甚至于老子的"无为而治"。凡事尽人事听天命，不问结果，不要强求。且自欺欺人：结果不重要，过程才是最重要的。比如投稿，每每投完，唯一做的就是等待，即使有些话想跟编辑聊聊，有些结果试图挽救，最终都放弃：人家很忙，不要烦人家了；如果稿子好，自然用，没用自然是不好的。

听了这个故事，我在想，如果凡事，我们再强求一下，结果会不会不同？

生活不只眼前的苟且，还有诗和远方

你可知道，当你突然明白生活不仅仅是眼前模样的时候，那时已经晚了。

所有曾经隐忍的时光，都意味着我们会有更多的潜能可以发挥，那些在你前面形成的漩涡，都是搅拌时光的迷药，你吞下它，然后目眩神迷，跌跌撞撞往前走，迷失方向。

我记得有一句话——不要做只顾眼前的人，不要做一个"正常"的人，在别人眼里的正常，或许也有另外一个同义词——平庸。

前一段时间我出差去台北，在飞机上偶尔醒来，听到旁边的同事低低地抽泣，我拉下毯子扭过身子问她，怎么了？

她抹了一把眼泪告诉我，家人给的压力很大，总让她回去生活，自己在北京近十年，却一直没有归属感，仿佛这座城市的一切都和自己没关系。虽然做着看似光鲜的工作，但背后的艰辛又有几个人懂。自己想想，还是放弃吧，但是……

我插话说，不甘心。她点点头，对，不甘心。然后她不好意思地冲我笑笑。我没有多说什么，继续闭上眼睛伴装睡觉，但心想，不甘心，说明你心里还有梦啊傻姑娘。

梦想是一个很折磨人的东西，曾经有话说，梦想很丰满，现实很骨感。但经过这些年我才知道，这话其实错了，现实其实很丰满，但理想却很骨感。

有人说不相信奋斗的意义，也说梦想一文不值。有人因为无法得到心中所想早早放弃，有人不知道坚持下去究竟为何，也有人，在面对生活的百般压力面前，缴械宣布投降。

生活把我们翻来覆去地虐待，而我们仅为了一些大众标准生活，这样的日子就会活得顺畅如意吗？我不相信。

这个世界上，有很多事情我们无法完成，你想要尽快腰缠万贯，你想要早日得名得利，你想成为人中翘楚，但是谈何容易？

一天晚上，我和一位熟悉的编辑老师坐在车里，她第一次对我讲起了她的故事。十年之前独自来到北京，那时是二十出头的年纪，为了爱情扛着行李来到这座陌生的城市，一切的生活与往日不同，住在半地下室里，每天做一点散工养活自己。

不久，爱情离她而去，她开始真正想要怎么度过以后的日子。后来因为巧合进入了图书行业，那时身上已经没有积蓄，借钱买了一辆二手自行车，每天上下班要骑车两个小时。

在黑暗中我问她，这样的日子苦不苦？她笑笑继续说，那时每天担心的只有两件事，一是明天会不会下雨，二是中午吃什么。

她告诉我，如果明天下雨或者天气不好，就要坐公交车去上班，坐车要花钱。中午吃一份盖饭，舍不得吃完，留下一半留着晚上吃。8块钱就是一天的饭钱，后来附近开了一家新的饭馆，里面的黑椒牛柳盖饭特别好吃，但是要12块。

我默不作声，她继续说，新的饭店给的量也足，但是不能总吃，太花钱。而且总打包感觉也有点丢人，思来想去还是8块钱的更适合自己。

我冷不丁问她，不饿吗？她说，饿啊，那时瘦到只有80斤，不敢生病，不敢买东西，总怕花钱。我又问，这么辛苦怎么不回家？

她乐了，拍着我的肩膀说，现在不也挺值得？当你有很多路可以走的时候，去走当下的路，去做当下的事，往往最艰辛的那条道路，能最早看到光亮。

每个人都有自己的天赋，也有努力的极限值，这些先天因素都决定了你是否能做好一些事情。但是不要忘记，所谓不相信努力的意义，所谓不想走艰难的路，其实都证明了一件事，你的心，根本没有做好接受未来的准备。

我曾经听过一句话，生活给予我们千百种生活方式，既然我们认定了其中一种，那么就走下去，如何走是你的事情，走到何时也是你的事情，既然都是你在做主,干吗要对不起自己,干吗要临阵逃脱?你逃离的不是你的生活,而是真正的自己。

我始终都相信,所有的艰辛必然有它的道理,因为那是梦想的原始本质。

有人曾经在微博上问我,如果自己坚持的梦想一直没有实现,会不会觉得遗憾?我说,不会,但前提是我真的尽力了。

尽力这回事说起来简单,但做起来却困难。正如老师的故事,简单几行字就可以一笔带过,但细细想来,那些炎热的夏日,那些寒冷的冬天,那些无法面对的时光,她是怎样独自一人走过来的,这其中的酸楚,又怎能是几行字可以描述清楚?

我觉得努力是梦想的前提,也是尽力的回报,实现梦想是它们综合在一起的回报。你或许会因为在其中时难以坚持黯然神伤,但回头再看,一定会为曾经的努力而深深自豪。

如果说你的选择是做自己喜欢的事情,那为什么要放弃呢?如果在面对外来压力时说是迫不得已,是否可以理解为是你的坚持不够呢?任何事情都可以有借口,但是在我看来,唯有努力和坚持,是没有借口可以推脱的。

因为在我的心里,坚持是我衡量是否对得起自己的唯一杠杆;而是否能够坚持,取决于我是否真的想对得起自己。

我相信,不管是什么人,如果能够懂得自己,无论选择怎样的道路都不会后悔。正如老师所言,怕的是选择之后一再后悔,将青春时光白白浪费在了抉择和纠结里。倒不如一条道走到黑。

我曾经打趣地问,走到底发现是死胡同怎么办?她说,那就一头撞过去,能够走到死胡同一定是走了很远的路,那时自己的身上早已有了坚硬的盔甲,刀枪不入。怕就怕还没走就是个软柿子,那就必定要受欺负。

和我一起出差的那个姑娘后来告诉我,之所以在飞机上情绪崩溃,是因为不愿意过混吃等死的生活,但又不知道该如何坚持。现在我应该告诉她,当你不知道如何选择的时候,去走那条最艰辛的路。

谁都想要过好的生活,想买好的东西,想随时旅行,想一切都拥有,没有人喜欢艰辛,也没有人愿意一直劳累。但是,在你想要过好之前,首先要走过艰辛,不是每个人都可以累了就去购物去旅行,也不是每个人都会在困顿时马上醒悟。但是,你可知道,当你突然明白生活不仅仅是眼前模样的时候,那时已经晚了。

我们注定是有许多无奈的,梦是真,想是真,压力是真,困惑是真。所有的一切附着在身上的时候,自然会感觉到压力,那时我们都会想,不如就放弃吧,不如就换条路吧,因为眼前的一切所得必须抓住,往后的梦想不一定会实现。所以,就这么着吧,得过且过。

很多人都会这么想,于是很多人,都变成了得过且过的人。

不要担心自己的生活即将结束,而是应该担心你为自己的生活其实从未开始。

你是什么样的人,就会产生什么样的思维,拥有什么样的梦想。你相信它,自然它也会相信你,但如果你开始犹豫时,那么你内心所想就会离你越来越远。我们不是应该突然明白生活不是眼前的光景,而是从一开始就笃定,如果要遇到光明,一定要首先经历黑暗。

当你追逐你的道路时,这个世界注定会制造很多麻烦来困扰你,现实和压力也会束缚你前进的步伐,但这些都不重要。重要的是你有没有信心和毅力,重要的是你有没有一颗跳动的坚持的心。我始终相信艰辛会让人成长,而努力一定会带来更好的未来,因为未来的自己,一定会感谢现在走过艰辛道路的自己。

生命终归是漫长的,我们所能依靠的只有自己。所以,管那么多做什么?该做的做,该走的走,流泪了就擦干,迷茫了就调整。你面向阳光,才能继续前行,而背后那些艰难的阴影,也会因为光的渐亮,让它无处可逃。

生活不只眼前的苟且,还有诗歌和远方的田野。你赤手空拳来到人世间,为了心中的那片海不顾一切。

想要改变命运，就要先改变自己

如果想改变命运，最重要的是改变自己……在相同的境遇下，不同的人会有不同的命运。一个人的命运不是由上天决定的，也不是由别人决定的，而是自己。一个人若想改变自己的命运，最重要的是要改变自己，改变心态，改变环境，这样命运也会随之改变。

改变命运，先要改变内心……想改变自己的命运固然是件好事，但不可只追求表面形式上的改变，应该先要改变自己的内心。只有改变了自己的内心，才能真正地改变自己的命运，否则只能是越改变命运越坏。有什么样的看法，往往就会有什么样的命运……在每个人的一生中，都有很多次可以改变自己命运的机会，是往好的方面改变，还是往坏的方面改变，完全有赖于一个人对当时情形的认识。

用正确的方式审视自己，一切都会改变的……如果总是顾影自怜，孤芳自赏，其结果就是你走不进别人的心里，别人也走不进你的心里。只要用一种正确的方式审视自己，生活将变得轻松愉快，事业将变得一帆风顺，而且一切都会改变的。

习惯都是自己养成的，我们有能力改变它……我们常常做一件事就会成为习惯，而一旦形成习惯，它就会控制我们。但是我们，每个人也有一股不小的缓冲能力。我们既然有能力养成习惯，当然也有能力去除我们认为不好的习惯。

要想变得富有，最好的方法是向富人学习……智慧在于学习、观察和思考。变成富人的第一条途径是向富人擎习，因为在富人的'言传身教'中，能学到了富人的致富的智慧和经验。很多事情的结局，往往在一念之间就已决定了……人生有时不是很奇怪，很多事情在一开始就已经决定了结局，这完全是当时的一念之间的认识所造成的。所以，在遇到决定命运的大事时，不要仓促做决定，应该多想想。

要想获得果实，就必须先播种……一分耕耘，才能有一分收获。我们只有脚踏实地地付出努力，才能改变命运，才能过上幸福美满的生活。求人不如求己，靠自己才能拯救自己……寻求别人的帮助，解决问题固然可以轻松一些，可这并不是长久之计，因为别人可能帮你一时，但帮不了你一世。况且，求人也不是件容易的事。所以，在遇到困难时，不要轻易去求人，要知道，求人不如求己，靠自己才能拯救自己。

只有真正认识自己，才能拯救自己……在很多时候，很多人并不知道自己是个什么样的人，这不仅是人们常常存在的一种误区。而且往往也是人类很难超越的人性的弱点。要解决这个问题其实也很简单，照照镜子，你或许就能找回自信，找回那个真正的自己。

在人的一生中，自由最为珍贵……一个人一旦失去了自由，无疑和生活的奴隶一样。但为了自由，我们必须要解放自己，还要防范一些危险。也就是说，为了自由，我们必须要会付出某些代价。在人生这个大市场里，要珍视和发掘自己的价值……一个人既然能够存在于这个世界上，就说明有存在的价值。人生好比是一个大市场，你认为自己的价值有多大，别人也会认为你的价值有多大，那么你的价值就会有多大。

保持自己的本色，因为本色就是最美……这世上没有绝对的美与丑，美与丑通常是可以相互转让的，但有一点可以肯定，就是最美的往往都来自本色、来自自然。所以，不要在乎别人挑剔的眼光，保持自己的本色，你就是最美的。

只看自己所有的，不看自己没有的……要想成功，必须要接受和肯定自己。在这个世上，每个人有着不同的缺陷，除非你是最不幸的。无须抱怨命运的不济，不要看自己没有的，要多多看看自己拥有的，就会接量和肯定自己。

一句"平平淡淡"毁了多少年轻人

朋友离开北京了。每次离别,都像永远不会再见一样。不过时光本身就是难以预料的,谁能确定,今天的离别,不会是最后一见呢?朋友说,她想要平淡的生活,自己一个女生,不想在北京承受着买房买车的压力,更不想整天加班加点夜深人静时哭泣。

我点点头。你不是她,无法为她做决定。但我深知,几年前,她不是这样的。

刚认识我们的时候,她是一个美编,做的图十分漂亮。她大学刚刚毕业,立志在北京打拼下去,我见过她夜深人静时的哭泣,见过她披星戴月地加班。她用空闲时间,还报了一个英语班。

可是就在这时,父母催婚,说她二十六岁了,在当地,正是应该结婚生孩子的黄金年纪,在北京一个人浑浑噩噩的干吗?她每天都在奋斗,不知何时自己的努力竟然在父母眼中变成了浑浑噩噩。

可是在北京这个相对包容自由的城市里,大家并不会因为一个人不结婚而议论纷纷。逐渐,母亲开始爆发,她不停地告诉自己的女儿:平平淡淡才是真,一个女人要什么事业,有个家有个孩子,才是最重要的。

其实,一句平平淡淡才是真,废掉了多少正在打拼的年轻人。长辈说的平淡稳定就是真,不假,是因为他们大半辈子辛苦劳作,之后,回首往事才觉得平平淡淡是真。可是他们是否想过,子女才刚出校门,还没开始奋斗,就念着平平淡淡。所谓的平淡,不过是平庸而已。

终于,她选择了那所谓的平淡,她辞掉了工作,接受了母亲给她安排的一个当地公务员的职务。接着,母亲安排她相亲,她见了几面,然后母亲匆匆地催她结婚。她和我们联系得越来越少,毕竟,路不同了,大家忙了,也就淡了。

有意思的是,几个月后,她又回到了北京。在上飞机前,她一个劲儿地给我打电话,让我去接她,我以为她就是来玩玩,没想到,她拿着大包小包下了飞机。后来才知道,她逃婚,辞职,只身一人又来到了大城市。她笑着说,青春是拿来折腾打拼的,我不要平平淡淡。我送她到她早就租好的房子。北京的夜,忽然间美得让人睁不开眼。

无论生活多难,总要坚持一下,坚持后,再谈平淡稳定。毕竟,平淡是历经世事之后的淡泊,你还没有见过世界,就想隐居山林,到头来只会是井底之蛙。

我坚持锻炼,身体很少出问题。只是有天半夜,忽然牙疼到受不了。第二天我去医院看病,当我走进医院时,几乎每个人的脸上都带着痛苦,每个人的表情都很难过。医生说我的牙齿之前就坏了,工作忙没及时看,然后急性发炎加重。医院排队时,身边都是老人,只有我一个,年纪轻轻。

其实,谁也不知道明天会发生什么。唯一能做的,就是过好今天,用最好的姿态,迎接明天。年轻,就是拿来折腾的。

忽然明白,那句"平平淡淡"毁掉了多少年轻人。当蜡烛烧尽时,才有资格感叹曾经闪耀过的光芒照亮过哪里;当飞蛾扑火后,才有资格议论舍生追梦值不值得。

你对自己都不当一回事，那么还有谁会真正尊重你爱护你？

"认真你就输了"，真是句最讨厌的话，没有之一。

认真就不会输

认真就不会输

"认真你就输了"真是句最讨厌的话，没有之一。你以为是玩笑？真的是。每句话的流行都一定暗含大众潜意识，这是真实的人心群体式反应。为此，我感到苦恼，因为一不留神我就又认真了。

在这世道，认真被当作讨嫌的品质被人嘲笑。"认真"暗含的意思就是傻、笨、不懂变通。你看那些游戏人生的高人，总是挥一挥衣袖不带走一片云彩，总是万花丛中过片叶不沾身。他们都可轻盈聪明了，不会对某件事太多的执拗，否则就是没有悟性的表现。

不认真是种态度——当其他人都玩世不恭时，认真的人反而变成弱势群体，被人笑话、被人讨厌。因为你是面不合时宜的镜子，照出了他们的虚弱。

我们最常听见的话有这些：公司又不是你家的你这么较真干吗领导又不会给你多发一分钱；你别对我太好我不知道该如何回报万一有一天咱们分手那多不愉快啊；好多事儿都说不清你这么计较只能更招人讨厌；唉，现实大环境也就这样了你认真也没用改变不了什么的……就连你听不懂一个笑话，想追问一下包袱，都有人高深莫测状对你说：认真你就输了！

在我看来，说这句话的人其实才是真正的输家。因为你的人生中没有什么值得认真的事吗？你是要如何糊弄着过完这一生？你马马虎虎地上班，生产出各种不合格的产品，写不靠谱的文案或程序，糊弄着做生意，对付着搞活动，一切都是凑合。你觉得差不多就得了，只要还有钱赚，才不管什么成就感荣誉感呢！所以，其他人也用不认真的态度来对付你。所以我们的生活中充斥了摇晃的家具、开线的衣服、添加了化学品的食物、失灵的电器和不靠谱的汽车飞机火车。你那不合时宜的荣辱观会在感情中发作，所以你也不会认真地恋爱——被抛弃是多丢人的啊。就算不觉得丢人，对他／她那么好简直就是纵容，这么算起来就亏大了。退一步说，认真的人才是会感到痛苦的那个哟，你看游戏花丛的浪子从来不会被伤害。所以，连爱情都不用认真的，中间只不过充斥了暗战和计算，这就是盈亏和荣辱的计较。生发联想开来，一个不认真的人，必然遭到不认真的世界的反噬。从这样一个小小的调侃句子开始，你对自己都不当一回事，那么还有谁会真正尊重你爱护你？

其实这就是个懦夫的自我调侃：反正总会输，不如不认真对待啦。这样就可以轻易把自己变成局外人。这样还有借口说我并未使出全力。否则，就算拼了老命依然是个输，那多丢人啊！于是，这种懦弱的人就用这样轻飘的玩笑话，把自己变成了游戏人间游离世外的"高人"。

"弯弯林"的秘密

斯宾塞是波兰的一位植物学家。有一天,他去西北部的格雷菲诺森林里探险,发现了一片奇异的"弯弯林"。那里长着数千棵松树,每一棵松树的下半部分全都向北弯曲,像一个"C"字形。看上去似乎曾经被什么东西压住,但压住它们的东西又被神秘地挪开了似的。

刚开始,斯宾塞猜测这片"弯弯林"或许是以前的人们为了打造家具、船身或者牛拉犁而种植的,他怀疑就在这些松树到达砍伐期的时候,刚好爆发了第二次世界大战,所以砍伐计划被迫中止,"弯弯林"就被保留了下来。但是这一猜测很快又被斯宾塞否定了,因为在这方圆80公里内,从来都没有人居住。

如果一两棵松树的树杆成弯形,或许并不算什么稀奇事,但是这成片的"弯弯林",让斯宾塞产生了极大的兴趣,究竟是什么原因导致这些松树长成了"C"字形呢?斯宾塞决定要揭开这个谜底。

斯宾塞对这些松树的树龄进行研究,发现它们基本上都在70年左右,也就是说这些树是在1940年左右成长起来的,可是斯宾塞在查证了相关资料后得知,这里在1930年之前,一直是一片只长茅草的荒地,那么这些松树又是怎么长出来的呢?

随后,斯宾塞进行了更加深入地研究,他发现,在离此不到一公里的地方有一条河流,而那条河流的上游就有一片古老的松树林。通过分析"弯弯林"的土壤成分和地形特征,斯宾塞断定那条河在多年前曾经从弯弯林旁边流过,后来可能是因为地震或者洪灾等缘故,河流才慢慢改动了流道,与"弯弯林"拉开了距离。

接下来的研究证实了斯宾塞的想法,在1930年前后,这里曾经有过连年的洪灾，而洪灾也给这片原本荒芜的土地带来了成千上万颗成熟的松果，松果在这片土地上一边生根发芽一边继续承受着时断时续的洪流，终于有一天，这些幼小的松树苗被湍急的洪流压倒，并且被压上了厚厚的一层淤泥。

洪灾之后，这些被压在淤泥下的小树苗并没有腐烂，而是靠着一两片露在淤泥外的叶子继续发育，并且最终挣脱了淤泥的重压，探出脑袋呈"L"形向上生长。在之后的年月里，淤泥一点点被雨水冲刷走，曾被压在淤泥下的树干又重新露出地面。随着时间一天天地流逝，这些L形的松树就逐渐演变成了现在的C形。

"弯弯林"之谜终于解开了，在对媒体发布这个消息的时候，斯宾塞不禁赞叹地说："与其说'弯弯林'是由洪灾和淤泥造就的，倒不如说是因松树不服输的精神而形成。那种精神，绝不允许自己腐烂，不管是污泥还是重压，都要想尽办法享受阳光！"

"闲暇"的价值

一提起"闲暇",许多人就把它看作是无所事事,也就是说,"闲暇"是一种没有什么价值的时间,因此,它是一种可以随便打发的时间。其实,这是对"闲暇"的一种误解。因为在人的现实生活中,"闲暇"也是一种实实在在的时间,同样有着肯定的价值。就"闲暇"的含义来说,它是指职业工作之余的时间,俗称"业余时间",或者说"八小时之外"。"闲暇"的实质,是指除了公共职务工作、个人及家庭生活必须支出的时间之外的,可以完全由个人自由支配的那些时间——"个人的时间"。大科学家爱因斯坦说过:"对于个人,存在着一种我的时间,即主观时间。""闲暇"就是一种完全属于个人的自由时间。因此,"闲暇"这样的自由时间,对每个人都具有特殊的价值。

我们都会有这样的体会:在每个人的一生中,真正的"闲暇",是一种难得的时光。这段时光之所以难得,因为它是不受任何人干扰、而且是完全由自己自由支配的。而对于那些勤于思考的人来说,"闲暇"尤其可贵,这是由于它给予了人们进行任何一种不受束缚的思想探索机会。这就是说,"闲暇"是人的天赋创造性才能得以发挥的自由时间。我们在科学史中可以看到,不少的科学家正是利用"闲暇",在自己的"第二职业"中,做出了不朽的历史贡献。

这样的例子能够举出很多。哥白尼的正式职业是大主教的秘书和医生,而他在"闲暇"中从事的"第二职业"却是研究太阳系学说,正是这个研究成果,成就了"哥白尼式的革命"!爱因斯坦开始的职业是专利局的职员,而他在初期的"闲暇"中,从事的"第二职业"却是力学研究,其成果就是作为划时代贡献的"相对论"。费尔马的本职是律师，而进行关于概率论、解析几何的研究并做出了巨大贡献，则是这位大数学家的"第二职业"。如此等等。

为什么人在"闲暇"中能够释放出如此巨大的潜能？最根本的原因，是由于个人兴趣的满足，必须有充分的自由时间，而个人兴趣是人的创造性能力尽情发挥的广阔天地。关于这一点，我们可以从一种被称之为"闲暇"理论的一些思想中，得到某种印证。

近代英国哲学家霍布斯曾经提出这样一个命题："闲暇是哲学之母。"一般来说，哲学意味着创造性的思维，意味着无穷的思想探索，那么，为什么人在"闲暇"中能够进行有成效的哲学研究呢？或者说，为什么人在"闲暇"中才能进行创造性的思维活动呢？这里的关键，是我们对人生中"闲暇"的本质，究竟是作消极的理解，还是作积极的理解。对此，马克思说过："时间实际上是人的积极存在。它不仅是人的生命的尺度，而且是人的发展的空间。"我们自己的人生经验也说明，"闲暇"这个"时间"和"空间"，不是一种"消极存在"，而是我们的一种"积极存在"，有了这样的积极存在，我们将能够有更充分地创造自由和广阔的发展天地。

由此可见，作为一种科学研究的术语，所谓"闲暇"，并不是人们无所事事、穷极无聊，而是人的意志自由的充分展现，人的个性的尽情发挥。很显然，意志自由的充分展现、个性的尽情发挥，也就是人作为思考主体的真正解放。自然地，这个过程本身，也就是自由地进行创造性思维的过程。不言而喻，这是需要自己能够自由地支配的时间，同时，也需要自主活动的空间。这里所说的人能够"自由地支配的时间"和"自主活动的空间"，也就是我们所说的"闲暇"的本质。

从上述对人的"闲暇"的本质的阐述中，我们还可以做出进一步的论断："闲暇"就是"自由"，而自由则是人的一切创造性活动的前提。一般来说，人的创造性活动的一个本质特征，是他对事物本性探索过程中的热情、兴趣，是他的个性的充分发挥。而这些思维特征，只有在所谓"闲暇"——自由的时间和空间中，才能得到尽情地展现，显示出自己的创造性才能。萧伯纳说，真正的闲暇并不是说什么也不做，而是能够自由地做自己感兴趣的事情。这就是说,每个人的个人自由,是他进行创造性活动的一个必要条件;对一个社会来说,也是如此。马克思在《资本论》中写道,生产力的发展、社会财富的增加,这是社会的自由时间的基础,也是文化发展的基础。所以,"从整个社会来说,创造可以自由支配的时间,也就是创造产生科学、艺术等的时间"。总而言之,没有自由,就不会有创造性思维和创造性活动,从而也就没有科学、文化、艺术的真正繁荣。

　　有一位哲学家说,一个人如果要超群出众,就必须有发明创见,而这往往又取决于他对业余时间有效利用的程度。现代社会的领导者,应该从这句富有哲理的话中学到人生智慧:忠于职守,但是又要善于摈弃那些无谓的应酬,学会忙里偷闲,尽可能有效地利用业余时间去读书和思考,使自己在某一个领域中具有真知灼见,这样,才能成为一个出类拔萃的政治家。

自信是一种信念

我们知道成功源于自信，但失败也多与固执有关，可前者容易被放大，后者往往被忽略。

其实，因自信而成功的人永远是少数，一个班级几十人，都是有自信才去读书的，可考上大学的不过十几人，考上名校的只有三两人，毕业能理想就业的更少。你要是进了国企，员工数万，你再有自信想成为总工程师，可能性又有多大？自信只能失败。

人活一口气，明明已经一败涂地了，为了不让人们彻底失望，只好以自信来自慰。比如那个无比自信想角逐巨大风车的堂吉诃德，比如那个自信能把巨石推到山顶的西西弗斯，除了自信的精神之外，他们并无实际的成果。

战国时那个赵括，年轻时学兵法，谈起兵事来他的老爸著名军事家赵奢也难不倒他。后来他接替廉颇为大将军，在长平之战中，他自信学富五车，运筹帷幄，可他纸上谈兵的自信被秦军大败。

三国时在街亭之战中，马谡自荐去守街亭。并自信地立下军令状，若失街亭愿被斩首。马谡的自信连诸葛亮的锦囊妙计都不当回事，更不听副将王平之言，非要扎营于山上，结果导致街亭失守，蜀国北伐失败。

深圳英联不动产董事长郭建波当初那么自信地与华远地产董事长任志强打赌，认定到今年3月底房价不会上扬，结果输给了说一定上扬的任志强，只好在微博上向北京公安部门申请"裸奔"。郭建波的自信也绝不是没有根据的臆想，可是自信改变不了纷纭复杂的大千世界呀。

自信更多的时候是人们前行的动力。但有些事情不可盲目自信，不要以为有权、有钱、有谋略就无所不能。不信你去试试，你要娶"环球小姐"为妻,你就是有钱盖超豪华别墅,一天献她一束花,坚持求爱99年,你也未必能成功。那我要是爱上我们村里的王二丫,开始遭到了拒绝,我如果有信心,在镇上给她盖起三间瓦房,一天给她买一串糖葫芦,有自信,有诚意,基本能成功。

每个人的自信心,都要权衡左右,要掂量一下自己的分量。就算两头力量差不多的公牛打架,都不会自信自己一定能胜利,非要斗到死,一定有一头牛失去了自信,才放弃。动物都不一根筋,人更不可没谱地自信。有些自信的事,在坚持的过程之中就算成功了。比如自信能考上大学,没考上清华、北大,考上了一般师范学校也不算失败,如果你自信自己就是清华、北大的材料,考不上非要考,那你就是个失败者。

自信不是做事的原则,更多的时候是一种信念。比如挖不出水的井,可以放弃,但找水的自信不能动摇;考不上大学不能年年都考,但自信学习会聪明的理念不要改变。

做个眼神犀利的人

眼神特别犀利的人，有他的思想，知道他的方向。

上研究生时，带我的导师就是眼神特别犀利的一位老师。毕业多年后，我和导师在校园里偶遇。他已经退休一段时间了，身体不太好，行走不便，看起来不那么严厉了。

我跟老师说："我现在好像不知道该往哪里去了，似乎现在没有人来指导我了。"

老师很艰难地挪到马路的中间，问我："你说哪里是北啊？"

我指向北面，说："那里！"

老师又问："谁规定的？如果我规定那边是南呢，行不行？"

我一时无语。

老师接着说："现在谁会管你啊？你为什么不自己规定哪边是北呢？谁规定的很重要吗？"

最后，老师说了句让我印象深刻的话：你可以规定你自己的方向！

对啊，我太在乎别人的看法，太在乎寻常已经规定了的东西了。我太在乎自己是不是和别人想的一样，进而失去了自己的方向。

看着老师犀利的眼神，我突然明白老师的意思了，作为一个有人生方向的人，是不应该循规蹈矩的，是不应该找不着北的，是应该眼神犀利的。只有眼神犀利的人，才能够找到他的奋斗方向。谁能规定你的方向呢？

你自己！

往沟里去，往海里跳，往大路上奔，还是往小道里溜达……全凭你自己！

为什么有的人没有自己的目标呢？看看他的眼神吧，一定是很迷茫的，很游离的，很混浊的。

后来，我常用各种方法训练自己和学生们的眼神。

有个周末的晚上，我带着几个学生去商城买衣服，我想训练她们购买服装和使用大商城的能力。结账走出商城时，已经是打烊的时间了。站在路边等车，我感到了不对劲，我问她们："是不是少拿东西了？"果然，已经买单的服装，我们竟少拿了两件！

去之前我就叮嘱过，东西一定不能离开我们的视线，但最终六七个人，还是把买好的两件衣服落在了店里，只能第二天再去取。

眼神不犀利时，即使把东西放在你的视线范围内，还是会人多一兴奋就忘了。

还得不间断地训练。

有个学期我教授的是《管理学》，一次，我布置的课外作业就是走街，要求学生们采集街道两边商铺的信息。这种训练学生眼力的方法，没有想到受到大家一致的欢迎和肯定。因为很多学生在走街中发现，原来生活中司空见惯的街道两边，隐藏着很多动态的值得关注和收集的信息。

两节课的时间一路走下来，学生们发现原来不远的两个红绿灯之间，竟然有上千家的店铺。有的学生发现，学校附近居然有五家火车票代售点；有的学生发现了可以回收课本的特价书店；有的学生找到了兼职的公司……你看，社会真的是动态的，每时每刻都在动，如果你只封闭在校园里学习是绝对不行的吧？

让我们都做眼神犀利的人吧，找到自己的东西南北，找到自己的坐标系，找到自己的红绿灯，我们就会永远向着比较正确的方向不断地行进。

挨骂时怎么办

20世纪80年代,我即将从日本的上智大学毕业,讲社会学的吉田教授在最后一堂课,将四年级的学生全部请到前面几排的座位。

吉田教授开口说道:"各位都是顶尖学校的学生,资质比一般人优秀很多,初入社会时,难免遇到一些能力不如各位的同事,却偏偏是各位的顶头上司。但请各位牢牢记住:挨骂的时候,无论对错都不要辩解。"

听到这里,我不由得产生疑惑:"这岂非加深误解?有必要为几斗米如此折腰吗?"

吉田教授似乎看出了我们的疑惑,继续说道:"是的,无论对错,都不要辩解。各位尽管立正站好,头愈低愈好,不断点头,大声说:'是的,谢谢指正。''对不起,下次不再重犯。'"

留学生之中有人打断教授的话,发问道:"如果自己没有错,还要这么低声下气吗?"吉田教授笑着回答:"各位想想,如果真的不是自己的错,怒气中的上司也听不进任何解释,还会认为你态度不好。盛怒中的斥责,宛如齐发的万箭。利箭迎面而来,各位千万不要认为自己没有错,就抬头挺胸努力辩解,结果被万箭穿刺得体无完肤。各位要低头,要弯腰,愈低愈好,愈弯愈好,让万箭全部掠过头顶,随风而去,不要害得自己万箭穿心。等到怒气过后,各位抬起头来,毫发无伤,还是英俊美貌。"

吉田教授绘声绘色,引得全堂阵阵笑声。

"话说回来,明明不是各位的错,却还能弯腰低头,不断道歉,大声感谢指正。了解内情的同事看在眼里,必然会佩服各位的胸襟。事后,等上司气消了,或适当时机再找机会跟上司说明,上司了解之后,内心必然会想:'骂错了,还能如此虚心受教,没有跟我辩驳,让我公然露怯。等于欠你一次情,好小子。'职业生涯很长,上司自然会找机会设法补偿各位的,各位不必担心被误会,努力工作,时间将会证明一切。万一真是因为自己判断错误,还强词夺理,日后将会很辛苦,可能要做许多事才补得回来。"

吉田教授早已退休,我也由挨骂的上班族,变成责骂部属、讨人厌的上司。

幸赖吉田教授的叮嘱,我很少在工作中挨骂,但是每当看到日本同事们,不论是遭上司批或被话筒另一端的客户抱怨时,都是立正、低头、弯腰、大声道歉:"下次改进,下次改进。"心里总是纳闷:"难道他们都上过吉田教授的最后一堂课吗?"

看完短文,大家一定认为这位作者能获得这么好的经验传授很幸运,其实《弟子规》中有更简短的教诲"有则改,无加警。""闻誉恐,闻过欣。直谅士,渐相亲。"合理的部分认真听取,若有与事实不符的情形,或被误会了,不正是磨炼安忍德能的好机会吗?若真能如是而行,则我们身边如父母兄弟般的良师益友会越来越多。

爱上正能量

该爱一个什么样的人？如果在很遥远的某一天，我的孩子仰头向我提出这个问题，我会微笑地回答他/她：去爱一个能够给你正面能量的人。

每个人的生活都一样，在细看是碎片远看是长河的时间中间接地寻找着幸福，直接地寻找着能够让自己幸福的一切事物：物质、荣誉、成就、爱情、青春、阳光或者回忆。

既然你想幸福，就去找一个能够让你感到幸福的人吧。不要找一个没有激情、没有好奇心的人过日子，他们只会和你窝在家里唉声叹气抱怨生活真没劲，只会打开电视，翻来覆去地调转频道，好像除了看电视再也想不出其他的娱乐项目。人生就是在没完没了的工作和一样没完没了的电视节目中度过的。

拥有正面能量的人，对很多事情充满好奇，无论遇到什么样的新鲜事物都想尝试一下，会带你去尝试一家新的餐厅，带你去看一部口碑不错的电影，带你去体验新推出的娱乐节目，带你去下一个陌生的城市旅行。你会发现世界很大，值得用尽一生去不断尝试。

不要找一个没有安全感的人过日子，他们一直在排查可能的不幸和焦虑未来的灾难。他们一直在想该怎么办，一直担心祸事即将降临。他们命名自己为救火队员，每天扑向那些或有或无、或虚或实的灾情，不停算计、紧张和忧愁。

拥有正面能量的人，会对生活乐观、对自己信任。他们知道生活本来就悲喜交加，所以已经学会坦然面对。当快乐来临时，会尽情享受，当烦扰来袭时，就理性解决。他们相信人定胜天，确实无法获胜时，就坦然接受。他们能够正确认识自己，有自知之明，不会自我贬损，也不会自我膨胀，他们在该独立的时候独立，该求助的时候求助。乐观和自信后面，深藏着对人生的豁达与包容。

不要找一个无知的人过日子，他们没有树立起完整的人生观，或者对事情价值的判断缺乏基准线。他们常会做出令人匪夷所思的决定，不能独立思考或者过于固执己见。他们优柔寡断或专横无礼，他们扭捏作态或者刻板无情。不是因为别的，正是因为无知。

拥有正面能量的人，拥有大智慧，他们分得清世界的黑白曲直，不会在人生的道路上跑偏，也不会随波逐流。他们不会扭曲事物的本质，不会夸大事情的不利面。他们知道世界运作的原理，明白人人都有悲欢离合。他们会在你需要时给你最中肯的建议，有原则却又求新求变，有主见却又听得进劝。

不要找一个容易放弃的人过日子。他们得过且过永久性地安于现状。他们没有信仰，也没有梦想。他们遇到挫折的第一反应和最终反应都是逃避，为了抵挡失败或者因为怕麻烦，他们可以放弃整个世界。

去爱一个拥有正面能量的人吧。他们会让你觉得人生有意思，会让你觉得世界色彩斑斓。他们会给你惊喜，同时也会带给你感悟。他们让你把路走直，戒断所有扭曲的价值观。如果你本身就不是一个拥有足够正面能量的人，那么就请你一定要爱一个拥有正面能量的人。在这道数学题里，负负并不能得正，另一个同样具有负面能量的人会把你的人生拖垮，不同空间的畸形与病态会让你过得一团糟。让这样具有正面能量的人导正你的灵魂和行为，潜移默化中，你会变得更加开朗和幸福。这一定，比任何财富更能长久地滋养你的心灵。

慈善的境界

如果你在菜市场，看到一个老人为了几根菜讨价还价，你是否会不屑？或者，在街上看到一个老人从垃圾筒里翻捡回收物，你是否会掩鼻而过呢？

那位讨价还价的老人，叫梁沛景，今年70岁，是香港中文大学退休教授。他的生活十分普通，家也很俭朴，他每天都和太太一起散步，到最普通的菜市场买菜，买菜时总不忘讨价还价。

谁能想到，10年来，节俭的他却偷偷做着一件"天大"的事。

1996年，梁教授到广东北部乡村考察，看到那里的医疗条件非常简陋，他十分震惊。"我要在内地捐建医院，而且要捐建100家医院！"从那时起，梁教授就立下了决心，也从此改变了他的生活轨迹。一家医院能帮5万人，100家就能帮500万人，这是老人的动力，也是他的目标。

为了完成心愿，他把祖上来香港做生意、慢慢积累的近万件古董变卖，捐建医院。而今，这些祖传的宝贝只剩下1000多件了。

至今，梁教授已经捐建了60多家医院，这离他的目标还有一定的距离。为此，他还要不断地变卖古董，当他手中拿着第二天就要卖掉的犀牛角鼻烟壶时，眼中的神情很复杂，有点儿诀别时的悲壮。他抚摸着它，自言自语地说，"古董好看，医院要比它们好看。"这位已经患了帕金森症的老人，说话时手在颤动。

他每捐建一所医院，就在中国地图上画个红圈，如今，这些红圈已经连接成片，鲜艳夺目。

那位捡垃圾的老人，叫刘义，是河北的一位退休教师。有着30年教龄的刘老师，至今仍住着20平方米的房子，家徒四壁、生活拮据，却仍然捐资助学。

刘老师每天都要出去数次拾荒,他手里提着一个大袋子,到附近的批发市场、步行街搜索,连身边的垃圾筒也不放过。7年来,他用拾荒的钱资助了9名贫困生。

"一弯腰,就是一分钱",这是刘老师最津津乐道的一句话。为什么它会和"古董好看,医院要比它们好看"如此异曲同工?因为,它们出自同一颗仁爱之心。

梁教授不会不留恋那些古董,但在他的心里,医院比古董好看,所以他选择了舍得;而刘义老师,本该颐养天年了,却不辞辛苦,抛头露面去拾荒,他弯腰的姿势一定不雅,但他却沉浸于那一弯腰的喜悦。他们觉得,慈善是一件好看的事。

一个富翁,即使拔出九牛一毛,也蔚为可观了,自然值得称颂;普通人,偶尔也会响应号召,奉献爱心,也可谓慷慨;但我觉得,都比不得梁教授和刘老师,他们把慈善做到了好看的地步。这种好看,已经不是花架子,而是一种境界,是一颗比古董更值得收藏的爱心。

把苦难放在脚下

在美国的一个小镇上有一对不幸的小兄弟,他们的妈妈因为生病在他们很小的时候就离开了这个世界,他们和父亲相依为命。可是他们的父亲是一个赌鬼,为了有钱去赌博,他变卖了家里全部能变卖的东西。最后竟然去偷窃,不久落入法网后被送到了当地的监狱。

唯一的亲人入狱后,兄弟两个成了无依无靠的孤儿。兄弟俩先是行乞,后来长大了一些他们就开始捡垃圾。捡垃圾可以给兄弟俩带来一些微薄的收入,哥哥则会用这些钱去大吃一顿,而弟弟则把这些来之不易的钱存了起来。慢慢地弟弟有了一些积蓄,后来他存的钱多了,他把这些钱作为自己的学费,然后去一所贫民学校读书。

哥哥则长期在街道上的赌场厮混,渐渐地哥哥学会了喝酒、吸毒和打架。并且很快成了街上一群小混混的头目。他们聚集在一起吞云吐雾,然后商量着去偷窃、打架等。而弟弟则是更加用功的读书,他利用白天的时间去餐馆、旅店打工,晚上的时候去一些学校学习,并且学着写一些文章。

就这样十多年过去了,早已分道扬镳的兄弟俩都成了二十多岁的青年。可是不同的是哥哥因为一次街头打架将人刺死而进了监狱。弟弟则大学毕业成了一名作家,并因为发表了大批出色的文章而进了一家报社。

2010年的圣诞,一家报社的记者根据别人提供的线索,到监狱去采访那个臭名昭著的哥哥。记者问神情沮丧的他说:"关于你父亲的劣行我们已经全部知道了,你走到今天这个地步是不是与你父亲留下的不良影响有关呢?"哥哥十分肯定地说:"是的,父亲的劣行就像一块沉重的石块,重重地压在我的心上,所以我才走了他的老路。"

采访完哥哥，记者又去采访进了报社的弟弟，此时的弟弟正在忙着自己新书的发布。可是他还是抽空接受了记者的采访。记者问道："你哥哥说正是你父亲的影响，所以他才进了监狱。你是否也受过你父亲的影响呢？"

弟弟十分肯定地说道："是的，我肯定受到过父亲的影响。"记者不解地问道："同样深受你们父亲的影响，为什么你哥哥成了臭名昭著的罪犯，而你成了一个令人敬仰的作家呢？"

弟弟说道："对于父亲的苦难，就像一块沉重的石块一样压在我们的心上。可是不同的是哥哥始终把这块石块压在自己的背上，所以他每一步都走得很沉重。而我把这块石块踩在了脚下，这块石块最终成了我人生向上的台阶。"

记者把采访哥哥和弟弟的报道放在了一起，第二天好多人给报社打来了电话，声称看了哥哥和弟弟的报道很受启发，他们也从哥哥的身上吸取了教训，从弟弟的身上得到了力量。

同样是一个劣迹斑斑的父亲，可是兄弟两个却有着不同的命运，就是因为把苦难放的位置不同。苦难是让它成为负担还是成为向上的台阶，关键就在于你把它放在了什么位置。

把劣势变为优势

在20世纪50年代，香港一家塑胶厂独创出一种塑胶花，不用浇水，长开不谢，投入市场后大受欢迎，塑胶厂因此赚了个盆满钵溢。但是，这种新产品很快引来了大量仿制者。

一天，这家塑胶厂厂长正坐在破旧的办公室勾画新厂区的蓝图。突然，一个人气喘吁吁地跑进来，着急地说："老板，大事不好！外面有几个人拿着相机到处乱拍，估计是要给我们曝光。"厂长立刻意识到，这是同行做的小动作，对方肯定是想拿厂房破旧来做文章，以便整垮自己。

工厂员工把那几个拍照的人团团围住，要他们把胶卷交出来。厂长看着那几个人，沉默了一会儿，挥挥手说："算了，让他们随便拍吧。"第二天，香港很多家报纸都刊出了这家塑胶厂破旧厂房的照片，还附有照片说明：跟这种小作坊似的厂家合作，你放心吗？

很快，塑胶厂的订单急剧减少，有些已经签好订单的厂家也单方面违约。大量的塑胶花积压在库房里，资金周转不开，工厂面临着前所未有的困境。

生产部长再也沉不住气了，跑到厂长办公室，厂长没等他开口就微笑着说："我要外出一趟，你在家里负责组织生产。两天之内，我会让所有的积压品销售一空。"

第二天一大早，香港最大的塑胶花经销商就来到厂里，为单方面违约道歉，他不仅履约了，而且还增加了订货量。接着，又有一批经销商前来履约。当天晚上，花满为患的库房立刻就变得空空荡荡。

用什么办法让这些经销商回心转意的呢？厂长回来后，看到大家疑惑的样子，便微笑着说："看看今天的报纸，你们就全明白了。"

员工们找来报纸,看见上面仍然刊登着破旧厂房的照片,但文字说明变成:"即使是在这样破旧简陋的厂房里,我厂仍然能生产出供不应求的产品。那么不久的将来,当我们的新厂区投入使用时,你们会经销什么样的产品呢?"

这时,厂长告诉大家:"这两天,我拿着刊有我们旧厂房的报纸,同时带上我们新厂区的规划图,拜访了20多家经销商,我对他们说的就是这样一句话。"

危机来临时,转变一下思维方式,就能把劣势变为优势。

把前传写得更精彩

谁也没想到，毕业于北京二外、英语过了8级的表妹会选择做空姐。去年的这个时候，她跑来问我，去工行做柜员和到世界各地飞来飞去，该选哪个？

这俩选项确实有点远。我只能说，看你想要什么样的生活。没错，工行意味着稳定，随着资历的增长你会有更大的升职空间。空姐不一样，在职业的前半程，你可以拿着比同龄人高的薪水吃喝玩乐，可是到了职业的后半程还得重新想出路。

可是，这姑娘铁了心要去看世界。

几个月后，她如愿以偿，法兰克福、墨尔本、东京、首尔、斯德哥尔摩……她说，语言的优势很快让她在小组里脱颖而出，迅速拿到飞国际航线的机会。

看着她在德国的小火车上感叹老龄化问题，在墨尔本的黄金海岸踩沙子，我想起这姑娘一年来的委屈与成长。

第一次来吐槽，是顾客把面包砸到她的身上。航空公司的面包是硬了点，她一直在解释，可最终还是成了顾客的出气筒。我问，那你当时是怎么做的？她说：我捡起面包进了工作间，进去之后，眼泪就哗哗地下来了。我感叹，这姑娘好有职业精神。

第二次一起吃饭，她说，大家对她的评价是"不像90后"。嗯？看来你很靠谱。原来，有一次飞行途中，飞机上的卫生间出了问题。空姐们都捂着鼻子摊着手，这可怎么办呀？其实谁都知道该怎么办，但就是没人肯出头。表妹看着洗手间门口的人越来越多，拨开众人走了进去。问题自然是解决了，她的雅号也来了，女爷们儿。

同龄人可以说出很多她被器重的理由，她自己却认为是个人专业上的优势，我想说的是，每个人都有自己的机会前传，你最后拿到的那个机会，并不是空投下来砸到你身上的，也不会仅仅因为学历与资历就落在你的身上，关键是，如果你在非考试状态下拿到好成绩，那么在机会到来的时候，你就可以直接免试入场了。

总是被拿出来念叨的前传还有不少。

某某某刚到单位，就跟着小组做项目，本来是个无名小卒，项目结束已经成了头号种子。你说一小姑娘，啥杂事都干，晚上直接睡单位沙发上，这样的拼劲儿，哪儿不抢着要。

还有那谁谁谁，实习的时候把一破事儿干得特精彩。本来可以随便应付，他生生做得让所有人记住了。结果很简单——这个本来不是他的机会，关键时刻给他加了分。

聪明人会说，我的精力是有限的，得有的放矢，做些对实现目标有意义的事。可是，你认为那些在职场中摸爬滚打的，他们在做每一件事的时候，都知道自己能收获什么吗？

要我说，他们种下的只是一种"可能性"。在每一件事上，他们都用高水准要求自己，当高水准成为一种惯性，那些应付的、刚及格的，或者没有拿到高分的，在自己这儿首先就过不去。他们可能都没有意识到，是在什么时候种下了这些"可能性"，只是，种得多了，收获的概率也就大了。

很多人会觉得，那仅仅是一种可能性，我为什么要付出那么大的精力呢？或者说，我只做能看到结果的事。于是，离结果最近的那些事，跟前堵了一拨人，虎视眈眈。在可能出彩的每一刻，他们却宁愿让自己闲着。这大概就是很多人的机会前传没有写好的原因吧。

最后说说我的同学。她在大学里做的那些事，神经大条的我们最初都不太理解。

比如，周五晚上女生们忙着吃饭逛街谈恋爱，她却忙着泡英语角。学校里承办一些国际讲座，我们都是后排观众，她永远坐在第一排。终于有一天，我们发现了自己和她的不同——她坐到了台上，我们还在台下。

以后的每一场国际讲座，非外语专业的她都是当仁不让的翻译。值得一提的是,在做翻译的过程中,她认识了很多国外高校的教授,对方对她青睐有加。于是刚一毕业,她就出国了。

这个前传写得过于精彩且不露痕迹,以至于多年后我们还在讨论,她是太积极太向上呢,还是内心一直有把尺子。不过无论如何,这都是一本能拿高分的机会前传。

把生活变甜

梓欣是我的大学室友，5年前，我们一起从一所二流理科院校的文科专业毕业，几经周折，终于各自找到了工作。梓欣应聘到一家外贸公司做前台，而我则在一家私企做文员。为了节省开支，我俩决定合租，一起在旧城区租了一个单间。房间并不宽敞，摆上两张行军床和一只布衣柜，就再也安插不上什么其他的东西，吃饭看书，只能在床上摆只小小的折叠桌。

那段合租的日子过得异常窘迫。我和梓欣的工资都只有1000多元，每月发工资之后，刨去房租和交通费，已经所剩不多，所以我们的晚餐通常是楼下小摊上两元一碗的米粉，再不然就是用电热杯煮面吃，唯一的调味品是梓欣从家里带来的一大罐辣萝卜，吃面时每人夹一块，就可以对付掉一大碗清水面。

刚上班，总不能穿得太不像话。一到周末，我和梓欣就一块去跳蚤市场淘二手衣服，在那里，只要有眼光有耐心，常常能花很低的价格买到质地不错的衣服。但就是这样的衣服，我们也不敢多买，幸而我和梓欣身材相似，衣服可以换着穿，才避免了衣着单调寒酸的尴尬。

因为处境的窘迫，我的心情变得一天比一天沮丧，只觉得生活苦涩无比。乐观的梓欣开导我，她要我将自己想象成一块方糖，放入咖啡里，咖啡就不苦了，放进茶中，茶也变得甘甜。"只要自己足够甜，就能融进苦涩的生活里，让生活也变得甜蜜。"梓欣笑着对我说。

于是，在那段困窘的日子中，我们常常用感恩的方式来排解自己的怨艾情绪。哪天吃到了新鲜的蔬菜，买到了廉价的衣服，赶上了末班公交车，我们都感恩一番，乐呵呵地告诉对方自己有多幸运。有时候辣萝卜吃完了，清水面实在难以下咽，我们就互相安慰："非洲儿童连面都没得吃……"这样一来，心情就变好了许多，低下头几口就能吞下碗中的面。

梓欣说，咱们既然要做改变苦涩环境的糖块，就要有让生活变甜的能力。她还说自己绝不想一辈子做前台。而我，也不愿意永远默默无闻地做名小文员。于是，我们决定一起学习，努力提升自己的能力。

梓欣的英文不错，工作单位又是外贸公司，于是她决定从这方面突破自己。而我有一点的写作功底，可以往文案策划方面发展。于是每晚下班后，我们都趴在自己的床头桌上看书学习，我埋头翻阅策划类书籍，而梓欣则认真地背单词听英语，早晨还要早起半小时去公园练口语。日子在我们的努力当中变得充实起来，虽然困窘依旧，但却仿佛有了甜味……

如今的梓欣，已经成为一家外贸公司的业务主管，接手的都是千万元以上的订单；而我，也成为一家知名企业的策划总监。现在的我们，都住进了舒适的公寓，穿上了崭新的职业套装。每当回顾起刚毕业时那段苦涩的岁月，我的耳边都会回荡起梓欣曾经说过的话：

只要自己足够甜，就能融进苦涩的生活里，让生活也变得甜蜜。

当 25 岁的你觉得自己一事无成时,真的对自己应该做点几什么都一无所知吗?

你真的一无所有吗?
你真的不明白这些吗?
你真的没有办法吗?

25 岁,你在干吗

"蹲"出来的财富

约翰是美国一家公司的销售部经理,平时工作忙,每到周末,他最喜欢的运动就是打高尔夫球,经常约上三五好友,一起玩个痛快。

一次周末,约翰本来已经约好了朋友去打球,可能是前一天晚上喝了太多的冰啤酒,临出发前,他忽然感觉肚子不舒服,只好临时取消了自己的打球计划。因为腹泻,约翰不得不三番两次跑卫生间,他想到朋友们早已出发,已经尽情在高尔夫球场潇洒了,而自己却不得不蹲在马桶上时,禁不住心痒难忍。于是,约翰拿了一块旧毛毯当草地,又找来一个杯子、一个塑料球,利用蹲马桶的时间,独自模仿起高尔夫球场的游戏。正在自得其乐时,老朋友从球场打来电话,听说约翰自己蹲在马桶边玩游戏,哈哈笑着说:"你真行!不如干脆设计一套马桶高尔夫球工具,一定很好卖!""为什么不可以呢?"约翰脑子里灵光一闪,立刻决定把这个玩笑变成行动。接下来的日子,他反复研究,多次蹲在马桶边试验,一个月后,终于设计出一整套"马桶球场",包括一个迷你高尔夫球场、小旗、一个塑料杯、一个迷你球杆和两个高尔夫练习用球。

约翰把马桶球场送给迷恋高尔夫球的朋友试用,受到他们的一致青睐。怎么才能用最短的时间、最低的成本,把这套游戏工具推广出去呢?经过一番苦思冥想,约翰终于有了一个好主意。

他跑去一些酒店之类的娱乐场所,免费赠送自己发明的工具,请他们帮忙放到卫生间里。由于这些地方人流量大,顾客来自各个阶层,很快就有人拨打约翰留下的联系电话,他们大呼玩得十分过瘾,要求订购这套"超好玩的高尔夫",因为它不仅给人提供了新的消磨时间的方式,还可以趁机好好放松一下。

就这样，这套售价不过20美元的"马桶球场"一经推出，立刻一炮打响，订单如雪片般飞来。约翰辞去了原来的工作，成立了自己的公司。在最近的一次美国关于高尔夫球游戏的评选中，约翰的"马桶球场"名列全球最酷的游戏之一，受到众多网友的热捧。

　　在马桶上"蹲"出的这个创意，就这样让约翰赢得了高尔夫球迷们的青睐，也为自己赢来了无限商机。

"果酱男孩"的果酱

在英国，果酱是家家户户必备的食品，人们习惯在面点上涂抹它。14岁的弗雷舍·多赫迪对外婆手工制作的果酱情有独钟，除了每天食用，他还非常希望自己也能掌握"秘方"。那天下午，他钻进厨房里，忙活了整整半天，累得汗流浃背，终于学会了外婆的手艺。

弗雷舍觉得，果酱的口味应该更多样化一些，于是，他每天到超市选购不同的水果，一放学回家就钻进厨房里鼓捣，调制出了各种不同口味的果酱。开心之余，他将果酱拿给邻居品尝，想不到，邻居们都非常喜欢，对果酱的味道称赞不已，当得知这些果酱是他亲手制作的健康食品时，更是提出要长期购买。

弗雷舍没想到，自己制作的果酱居然可以出售，能够用自己的劳动换取一些零花钱，是他非常乐意的。从此以后，弗雷舍忙得脚不沾地，每天做完功课后，立即投入到果酱的制作中，每周都能生产出上千罐果酱。尽管这个量已经足够大，但依然供不应求。

弗雷舍开始考虑，是不是应该找到一家工厂与自己合作，让果酱可以批量生产，然后，在当地的超市里销售，这样，便可以结束自己家庭作坊式的生产销售模式。

想要自己的产品脱颖而出，就得有一个与众不同的"卖点"，经过一番市场调研后，弗雷舍发现，商场里出售的果酱几十年没有改变过配方，不仅口味单一，含糖量高达70%，而且含有大量添加剂，被认为是不健康食品。因此，他打着"纯水果果酱"的招牌，信心满满地找到了一家大型连锁超市。

超市的食品主管对弗雷舍提出的"不加任何添加剂的纯水果果酱"的理念非常赞同,但是看着面前这个瘦瘦小小的男孩儿,面对他没有商标,没有定价,无法保证大量供应的果酱,最终还是坚决地摇了摇头。

遭遇拒绝后,很多人劝弗雷舍,还是安分守己,自产自销吧,每周卖个一千罐,成绩已经相当不错了。想要让纯水果果酱在超市里销售,谈何容易?何况,他只是个14岁的小男孩儿,不必那么费心费力,挣点零花钱足够了。

弗雷舍对这些劝告置之一笑,他考虑的是,怎样让超市接受他的果酱。他找到当地的设计团队,设计了一系列自己喜欢的"超人"商标,他觉得这个商标很酷。但是,当他拿着商标再次找到超市的食品主管时,对方仍然不住地摇头,认为他的商标太过幼稚。

弗雷舍没有就此打退堂鼓,他不停地修改商标,直到它符合"纯水果果酱"的概念。他的锲而不舍终于让超市动心,最终,超市同意让他的果酱入驻。

终于为产品找到了销路,接下来,弗雷舍开始寻找合作工厂。他从家乡出发,长途奔波于各个大城市,去了很多家果酱工厂。但是,当别人看到他瘦小的模样和稚嫩的脸庞,总是轻蔑地一笑,根本不看他的果酱,而是大声地嘲笑:"小子,你应该回家上学,而不是在这里和我们谈合作!"

一次又一次的碰壁没有让弗雷舍放弃,他反而越挫越勇,皇天不负有心人,奔波了数千里之后,他还是找到了一家愿意合作的工厂。

就这样,弗雷舍跨过了重重阻碍,"纯水果果酱"经过批量后,正式摆上了超市的货架。这种健康的果酱果然深受顾客喜爱,刚摆上货架第一天就售出1500罐,这几乎相当于超市原来一个月的量。

现在,弗雷舍的"纯水果果酱"已经占据了英国市场的半壁江山,人们亲切地称他为"果酱男孩",他还因此获得了世界大学"全球年度学生企业家"的称号。

经过9年不懈的努力,如今的弗雷舍已经跻身百万富翁的行列,他不仅没有耽误学业，还拥有了自己的果酱王国。在谈到自己的成功经验时，弗雷舍说："如果你问我成功的秘诀是什么，能否被复制，我只能告诉你一个词，天道酬勤。"

是的，这个14岁的小男孩儿不是富二代，也并非天资过人，他之所以取得不俗的成绩，完全是因为勤奋，勤奋地思考，勤奋地实践，勤奋地为理想做出各种努力。勤奋，就是他成功的秘诀。

"坏天气"变好事情

大卫·弗莱德格是谷歌公司的产品部总经理，负责谷歌的产品市场开发。每天上班时，大卫都要经过一家小型的山地车行，后来敏锐的他发现了一个现象：只要一下雨，这家车行就会关门歇业。

一天，大卫特意进去询问其中的原因，山地车行老板告诉他："这是为了节省开支，因为下雨天很少有人来买车。"老板说，他最害怕雨季长的年份，那样店里的营业额会下降很多，一年也就难有利润可图。

从山地车行出来后的大卫就想，类似农场、剧院、室外游乐场等这些地方，他们的收入都会跟山地车行一样，受天气影响很大，有时甚至要"望天收"，经营状况非常被动。

"那么，我为什么不帮他们改变这种被动的状况呢？"一个月后，大卫决定从谷歌辞职，放弃了不菲的年收入，以及来之不易的高层职位。因为他觉得自己发现了一个商机，他打算干一项别人从未干过的事业——创办一家"坏天气保险公司"！

创业伊始，大卫便将公司的主要客户群定位在那些受天气影响大的行业领域里，首先便是美国农民，特别是那些大农场主，大卫表示自己可以为他们提供天气意外保险，有意向的人可以先在电脑上模拟或预测未来一年或几年有可能破坏农业生产的各种坏天气，如冰雹、飓风和海啸，甚至是地震等等，然后再选择大卫为他们设计好的合适的农业保险进行投保。

一旦协议签订，保费到位，那么在接下来的受保期内，如果真发生了投保过的天气灾害，那么大卫将对他们进行赔偿，这样农民便可以将坏天气带来的损失降低到最低点。

让大卫没料到的是，就在外界普遍认为他一定会"赔死"后，一家风险投资公司却主动为大卫融资1亿美元,让他放开手脚去干,因为他们深信大卫的公司将来一定大有作为。

接下来,大卫开始游说类似像山地车行、室外游乐场、大剧场,乃至旅游景区等经营者为自己可能遭遇到的"坏天气"投保。和美国的许多农业经营者一样,这些人也很快买下了大卫的保单。

投保的客户越多,就意味着"坏天气保险公司"的利润空间越大,因为"出意外的赔偿概率总是远低于不出意外的不赔偿概率。"一小部分真正受灾的投保客户会因此受益,而最大的赢家则是大卫。

今天,坏天气保险公司已经拥有了100多万名投保客户,涉及100多个行业领域,保费总收入达3亿美元,作为公司的创办者和负责人的大卫也因此赚得盘满钵满,比在谷歌时更多!

"灰姑娘"的故事

　　这一天是晶晶动身去美国上大学的一天，对于她与她的民工父母，对于作为她的养育者、监护人的朱虹与我，都是一个值得纪念的喜庆日子。

　　对于她与她的父母来说，这好像有点像一个"灰姑娘"的故事。她的北上打工的父母在北京有了她，正遇见了自己的儿孙都不在身边的老知识分子夫妇，于是，她自然就成了这个"书香门第"的小孙女，成为"养育"的对象、"监护"的对象，成为老夫妇的专项"希望工程"。

　　她在北京先后在两个重点中学念完了初中与高中，成绩优良，特别是英文，得朱虹之真传，听、说、读、写四种能力均甚为出色。但她无法改变外地民工孩子的身份，在北京没有资格参加高考，回原籍去考又另有一些困难，眼见前途艰难，只好另谋出路。

　　于是，在老奶奶朱虹的指点与辅导之下，向一连串美国大学递交了入学申请。她既要完成重点高中沉重的学习任务，又要应付美国大学安排的种种考查与面试，在两条战线上进行艰苦的拼搏，往往一天只睡四五个小时。

　　经过将近一年的奋斗，她总算拿出了相当漂亮的中学成绩单，又以出色的英语能力在各种应试（托福、SAT、面试等等）中表现得可圈可点，终于她得到了波士顿大学等四所美国大学的录取，最后，她选择到美国东部一个风景优美的城市上一所条件优越的大学。

　　对于这对老夫妇而言，这一天则包含着五味杂陈的人生体验。

　　首先，这一天是他们作为普通人"幼吾幼以及人之幼"之情，17年以来日积月累的结果。从这个女婴诞生在他们家的第一天起，她不哭不闹、文文静静的性情，干干净净、清清爽爽的小模样就深得老夫妇的怜爱，他们从内心里把她当作了自己的小孙女。

童年时代,她围着奶奶的座椅转来转去,嬉戏撒娇,听奶奶讲故事,跟奶奶学讲英文。跟爷爷学背唐诗,常爬上爷爷的书桌、顽皮地抢走他的钢笔,或者爬上他的膝盖,抓走他的眼镜……

她童年的每一天都是在爷爷奶奶亲切的关爱中度过的,自己的儿孙都不在身边的"空巢"老人,则是在这个毫无血缘关系的孙女所构成的"准天伦之乐"中度过了温馨的时光……

这一天对于老知识分子夫妇也是多年的心愿初步得到实现的一天,这个心愿说来简单,那就是要使得这个"民工子女"能受到良好的教育,有个好于自己父母的人生出路。

老两口深知他们这个心愿虽然很朴素,但要实现起来却"难于上青天",关键就在于她这个民工之女没有"北京身份"。老太太情急生智、挖空心思,想出了一个正式收养她为小孙女的"捷径"。于是,打报告、写申请、开证明、托人情、全情投入、忙活了大半年,最后却无果而终、碰壁而归……

剩下来的,老两口只有尽其所能在小孙女的优质教育上下功夫,先后设法让她进入了两个重点中学。这谈何容易!要把一个没有京城户口的民工子女送入北京本地孩子趋之若鹜的名校,除了她本人的成绩过硬外,更需要老两口跑腿、找门路以及干各种费神费劲费口舌的活,当然,还绕不开众所周知、约定俗成的赞助费……

接下来,又开始了小孙女的英语培训工程,奶奶给她买了大量的英文光盘,让她十次百次地反复看与听,并且祖孙二人之间一直坚持以英文交谈对话,不论是在商店还是在公共汽车上,因此,她的英文成绩一直名列前茅……也许,早在这个过程启动之初,老太太就有把小孙女送出国的心愿,因为她毕竟曾经成功地把自己的一个女儿与一个儿子送进了美国的名校……

就这样,老两口从将近古稀之年的时候起,就开始了跟小孙女民工子弟命运较劲的马拉松长跑,老太太更是辛苦,她为此跑跑颠颠得更多,为了规划小孙女的出国道路,为了给她的英语开小灶,为了指导她的出国申请以及应试,往往带着小丫头一道工作到深夜或凌晨……

这是一家人十几年努力的结果,是"这个专项希望工程的一个阶段性成果",虽然,前方的路还很长,还需要做出很大的努力,也许还要作更多一些的付出。但不论怎样,小丫头动身出国的日子,仍然是这个非血缘亲属关系的一家人的欢乐节日。

到了动身出发的那天,爷爷早就租定了一辆往返机场的专车。小凤凰要飞了,不满18岁的她穿一件玫瑰红的T恤,一条牛仔裤,更显身材高俊。长发垂肩,清秀的脸上架着一副精巧的淡蓝色眼镜,阳光而帅气。

本要全家出动,遗憾的是只缺了美国求学之路的总导演老奶奶,她解决了这个小孙女上学与出国的各种手续后,又风尘仆仆赶到自己的女儿家去为三个混血儿外孙女补习与督学,好在她老人家把晶晶动身的大大小小的事务都事先安排好了,包括着装配备与路费花销……何况,翅膀已经初长硬的小凤凰并不特别看重全家到机场送行这个场面,她说:"你们用不着送我去机场,我一个人在路上可以思考问题!"口气不小!小丫头已经人模人样、特立独行了!但对于老爷爷来说,送行一举是多年来所期盼的,实带有某种仪式的意义,即便身体不好,也是决不能免掉的。

在去机场的路上,大家的话语不多,小凤凰不是要自己静一静、思考思考吗?长辈惜别的话、叮嘱的话早已说过多少次了,再说,岂不啰唆?

首都机场的新航站楼,气魄宏伟。爷爷与父母都以为在长达一两个小时的候机时间里,可以再和小丫头在一起待上若干温馨的时刻,可是,小丫头却催促他们打道回府了,理由是"我想一个人在机场里转一转"。

显然,长辈们想尽可能延长与小丫头待在一起的时刻,而小丫头却急于品尝自己一个人潇洒上路的乐趣,就像羽翼已丰的小鸟急不可待地要展翅单飞。两方面的愿望都很强烈,都很执著。结果,小丫头总算尊重长辈的愿望,通情达理又多待了一会儿,但最后仍是按不下急性子,决定提前入关。

入关口的那头,是一条阔大漫长的通道,起先逐渐隆起,在远处则缓缓下倾,缓缓下倾,以至消失在视线之外,从入关口看去,远远就像一条地平线。但见小丫头俊秀的身姿,背着行囊,飘着长发,直奔前方,没有回头,没有挥手,更没有喊话,逐渐消失在那地平线之下,那里肯定是一个电动转梯把入关者输送到下方的候机室里去了……

在回家的路上，晶晶的父亲说了一句"小丫头连头都没有回"，似乎不无感慨。老爷子当然早就注意到了小丫头的这个细节，他心里却有自己的解释：她肯定是专注于自己脚下的路面，专注于眼前那个倾斜的地平线，开始沉醉于自己单飞独行的最初感觉里，她是在开步走自己的路，一开始就把前方每一步路视为新鲜而非畏途，只顾得上往前走、往前走，不流连于告别的感伤，这对于她作为90后的一个小奋斗者、一个小行者来说是有益的……

出租车把老爷子送回了家，他塞给司机朋友一个整数，说："请你千万不要跟我客气，因为今天是我们全家大喜的日子！"

"久病成医"的专家

约书亚是纽约一家上市刊物的市场研究员，曾经有一位相爱的女友。几年前，约书亚精心选购了一枚别致的钻戒，决定向女友求婚。没想到，他还没有酝酿好如何求婚，女友就弃他而去，另结新欢了。

女友的离开让约书亚的情绪跌入了低谷，而那枚价值一万多美元的钻戒也让约书亚觉得刺心。戒指花费了他两个月的工资，他打算将其退货，但商店以退换期已过为由拒绝了他。约书亚也想过将戒指卖给其他的爱侣，但又担心对方会觉得那只戒指不吉利，所以迟迟没有将想法付诸行动。那只崭新的婚戒就一直留在约书亚的抽屉里。

一个偶然的机会，约书亚向一位朋友提起了抽屉那只难以处置的戒指。朋友告诉约书亚，自己认识一对热恋中的情侣，二人正打算结婚，有意求购一只物美价廉的钻戒。于是，在朋友的介绍下，约书亚顺利以原价百分之八十的价格卖出了那枚婚戒，交易双方都非常满意。

后来，约书亚还了解到，不少人存在跟自己类似的状况，在分手后都保留着一些难以处置的首饰，既不适合送给新的爱人，也不知如何将其转化成收益。于是约书亚抱着试试看的态度，搭建了一个名叫"I Do Now I Don't"的二手首饰中转平台，为想要出手订婚戒指（也包括婚纱和其他结婚首饰）的人和不想花高昂的零售价买婚戒的人提供了一个安全的交易平台。当一宗交易开始，I Do Now I Don't会先保管买家的付款，再将首饰交给珠宝专家鉴定，最后才将货物寄给买家，并打款给卖家，网站从中收取15%的服务费用。

因为新颖实用，约书亚的网站吸引了大量的顾客，也引起了媒体的关注，他的失恋故事被当地媒体当作素材进行了报道，还吸引了CNN记者的采访。随着客流的增加,约书亚构建的交易平台也开始一步步发展壮大,现在平均每月可以促成100多桩服务,售价最高的钻戒高达十几万美元,网站的年度营业额也很快超过了3000万美元。

除了为买卖双方牵线搭桥,约书亚还同美国几大珠宝商达成了合作协议,零售商们会建议试图退货的客户登陆I Do Now I Don't平台处理闲置首饰;约书亚也会为顾客们赠送相关优惠券,鼓励他们去零售商那里购买全新的珠宝,每促成一单生意,他可以收取一定的提成。

通过创业,约书亚很快走出了失恋的阴影,拥有了合拍的爱人,不久后二人便步入了婚姻的殿堂。而新娘所戴的那枚戒指,就是约书亚从自己的网站上为其选购的。

"免费保修"带来的财富

1985年,克里曼·泽恩和妻子在美国康涅狄格州开了一家叫"恩泽"的山地车车行,专门销售高档山地车。但由于此时山地车在康涅狄格的竞争已经到了白热化阶段,一年多下来,恩泽车行的生意都并不是很好,只能勉强度日。为此,妻子常常抱怨,觉得克里不应该开这么一个糟糕的车行。

被妻子唠叨烦了的克里曼,不得不一有空就开动脑筋,希望能想出一个好主意,让车行的生意兴隆起来。

一天,克里曼突然对妻子说:"我打算在车行里对顾客实行'终身免费保修和保养'制度——凡是我们车行卖出的山地车,如果在外面发生了障碍,买主都可以将它送回来,我们将为他们提供终身的免费维修和保养!而且对车行里所出售的附件或零件,也同样能享受到如此服务!"

听完克里曼的这番话后,妻子以为他疯了:"你难道不知道,真正的山地车手和爱好者都是要骑很长的山路的,山地车肯定会因此有很大的磨损,免费帮他们维修和保养,那我们岂不是亏得连饭都吃不上?!"

然而,克里曼却并没有听妻子的反对意见,而是坚持这样做,将终身免费维修和保养的承诺推广了出去。

结果,不仅是他的妻子,就连康涅狄格州的众多同行,也都认为克里曼的脑子坏掉了,他的恩泽车行用不了一年的时间就会关门大吉!

但谁也没想到,一年后,泽恩车行不仅没关门大吉,反而生意越来越好,此后每年的销售额更是能持续增长25%!目前,克里曼的车行已经成为康涅狄格州最大的山地车车行了,并且在美国其他几个州也开设了连锁店。

克里曼的聪明和高明之处在哪？原来答案是，克里曼从观察每个进车行的顾客的过程中，突然领悟出他们都有一个共性，那就是贪便宜的心理。为此，他深信，终身免费保修和保养的承诺，会让他的很多顾客成为车行里的永久回头客。这些回头客都是山地车的"狂热粉丝"，他们会经常骑车，所以都需要定期到恩泽车行里参加免费维修和保养，这样就能轻易地将他们牢牢拴住，只要拴住他们，让他们经常来，他们便能看到车行里最新、最酷、最闪亮的新装备，于是便会情不自禁地要求给自己的山地车进行升级换代，更换更好的装备。于是，新的、长远的利润便源源不断地产生了！

哈佛商学院曾公布过一项这样的权威调查的结果——企业若是能降低5%的顾客流失率，就能至少增加25%的利润。克里曼所做的一切恰巧就为了不让顾客流失走。

原来，眼前的一时赔本是为了将来更大的盈利。

"天价"蔬菜种植记

[不做"格子间工蚁"]

在北京,一点零星的绿色也是奢侈,但在大兴区野猪岭下的一片山谷里,记者却看到一个桃花源般的青翠世界。红彤彤的西红柿、顶花带刺的黄瓜、金黄滚圆的"黄河蜜",大片结满各种果实的果树。这就是张茵占地300多亩的有机农场。

不远处,一条小溪蜿蜒而过。旁边散落着一片欧式木屋,它们的主人全是追随张茵而居的外国人,其中既有工程师、演员,还有大公司的老板。

4年前,张茵还是中关村的一位IT丽人。当时,26岁的她已成为销售主管。但谈起这个光环下的实质,女孩直接解释为"打杂头头":"从行政开支到会议安排,再到市场活动、客户维护,所有和支出有关的大小事,都得我操心。"

加班到凌晨一两点是家常便饭;颈椎病发,套着项圈躺在床上时,她还要遥控市场推广活动的明细;难得休年假,维也纳的凌晨两点,却被客户一个电话吵醒。对此,她只能无奈苦笑:"逃那么远,还是被工作追压。很多外国人度假时,能真的把工作统统扔掉,但我做不到。"

直到那天惊闻一位女孩因疲劳过度猝死,张茵才如梦初醒。她悲哀地想:所谓白领,别看衣着光鲜,不过是格子间里可怜的工蚁,最终不是倒在格子间里,便是倒在去格子间的路上……

为排除心中的郁闷,她和男友跑到京郊的深山里疯玩。其间同一位山里大嫂聊天时,张茵感慨地说:"这里的空气真好,哪像整天坐在办公室里闷死了,如果有可能,我真想到农村生活一段时间。再说,种地既能锻炼体力,又能吃上自己亲手种下的菜,那种感觉一定很爽!"大嫂却笑着说:"那还不容易,我们这里土地多的是,年轻人都外出打工了,正愁没人种,有的都荒了。"

"如果你能来这里投资,建个农场种菜,说不定还能赚大钱呢!"对方无意中的一句话,让张茵的眼睛不由猛地一亮。更有趣的是,她听说著名笑星陈佩斯经历了人生的大起大落后,正带着妻子隐居在离此不远的大山里种树呢。

[有机蔬菜倾倒北京老外]

2008年初,张茵以每亩600元的价格,很快租到了100亩土地。租金虽然不多,但真要建农场,却需要一笔数目惊人的资金投入。比如要雇工人、盖房子、搭建大棚、采购灌溉设备等等。一天,她正为如何筹钱的事犯愁时,男友开玩笑说,晚上把朋友们都请到家里聚聚,边吃饭边让大伙献计献策,说不定还有人愿意投资呢。

也许是大家久居都市,受够了农药残留和尾气污染之害的原因,听说张茵要在山里办一家有机农场,个个都感到新鲜而兴奋。其间,张茵的好友凯特莉女士更是对之产生了浓厚兴趣,她说自己出生在法国北部一个农场主家庭,当过农艺师,对果蔬的种植管理颇有一套。几年前,她和丈夫一起到北京开公司,自从有了孩子便成了专职太太,正愁自己的专长无法发挥呢!

山花烂漫,小溪清澈见底,空气纯净得像过滤过一般。到野猪岭考察时,凯特莉和丈夫一下就被那里近乎原始的美丽风景迷倒了。他们当场决定,投资20万美元入股,并把家安在农场。对张茵来说,这真是个天大的惊喜!

一个金发碧眼的洋太太,一个穿着时髦的小姑娘,她们能懂得如何下田?不久,附近的村民就开了眼界,只见张茵带着工人搭起了钢架大棚,用的是从以色列引进的灌溉设备,地上还有专门建起的雨水收集装置;农民种菜,都离不了尿素、磷肥之类的化学肥料,张茵用的都是经过发酵消毒的人畜粪便及草木灰，用她的话说，这些都是"蚯蚓肥"，这种肥料天然营养，种出来的菜才好吃。除此外，农场还有很多规矩，比如禁止使用农药、催熟剂、除草剂……

这些是外来者最容易看到的，而背后看不到的，是对蔬菜生长的精确把握和质量控制。以上海青为例，在这里每亩地种植18万株，每株间距5厘米，22天采收，每株重量8到12克。"很多人问我，你们怎么给一颗菜设定质量标准？实际上，严格按照标准化方式生产的蔬菜每颗重量误差只有5%左右。"拿西红柿来说，张茵的要求甚至具体到每一株上挂多少果，多余的必须剪掉，以确保产品质量。与普通西红柿的软绵不同，有机农场生产的西红柿香脆多汁。张茵说这就是天然的味道。此外，其甜度能达到11，已经接近西瓜的甜度了。

芹菜是最常见的一种菜，可是当地山民却发现张茵种出的芹菜几乎是空心的，没有筋却很挺拔，水嫩新鲜。张茵解释说，由于有机蔬菜在种植过程中不使用农药、化肥和生长素之类的东西，较好地保持了原有的自然口味和鲜美品质。

尽管张茵生产的有机蔬菜每公斤通常卖十几元到二三十元，是普通蔬菜价格的几倍甚至十几倍，在市场上却格外抢手。不少大型西餐厅及星级酒店，直接将货车开到田头采购。

与别的农场不一样，张茵请雇工特意不要熟手。"一些熟手会自己变点魔法，让蔬菜长得更快更好，而我的信念就是纯天然种植。"第一年张茵的农场就赢利60多万元。

[在国内推广CSA农场模式]

在家时，张茵几乎是个"五谷不分"的女孩，更不要说种菜，现在包括温室培植菜苗，甚至是开小型拖拉机等，她都样样精通。昔日白嫩的双手早被晒黑，掌心里甚至有一层厚厚的茧子。接受采访时，张茵向记者讲了个笑话：第一次在土豆田里见到亚麻时，她还因为它们的美丽，从内心发出夸赞。但很快，这种开着蓝紫色花朵的植物就让她烦恼不已。因为种有机蔬菜不能使用除草剂，这种浑身带刺的杂草，只能靠人"面朝黄土背朝天"地亲手拔掉。

通过经营有机农场，张茵组织了许多"绿领"环保人士。她的客户中有一位英国女士，过去订张茵的菜，怀孕后干脆和丈夫一起把家搬到了这里。后来夫妻俩还专门办了一个英文网站，向北京的欧洲老乡介绍张茵的有机农场。

2009年3月，英国农业部举行蔬菜基地评选活动，在他们的介绍下，张茵应邀前往英国考察。女孩很珍惜这次学习先进技术的机会。每到一处，她都让翻译对专家的话进行详尽讲解，自己再做好细致的笔录。在威尔士一处蔬菜基地，张茵真是大开眼界，基地从选址到蔬菜的培育管理，以及配送等环节都有严格的要求，而这些是她以前在国内闻所未闻的。

从英国回来以后，张茵一口气从欧洲引进了30多种时尚蔬菜，又赚了一大笔。另外，她发现国外十分流行CSA（社区支持农业）农场营销模式。即在种植季节之初，消费者预付给农场主一部分钱，而农场主则保证自己的产品百分之百的是有机蔬菜，并避开中间商直接把健康菜送到订户家中。这样就能以法律合同的方式，最大限度地保证食品安全。

2010春天，将农场种植面积扩大到300亩的张茵，开始尝试在国内推广CSA模式。其中最大的难题就是如何让订户相信，你种出的东西是绿色健康的。除出具权威部门的化验报告书外，女孩还将农场生产有机蔬菜的全过程拍摄下来放到网上，并欢迎客户随时到菜地观察甚至直接参与劳动。

如今张茵已经有了200多万元的家底，日前接受采访时她向记者透露，还准备投巨资在风景如画的山谷里办一家旅游度假村。届时，生意一定会火得不得了！品着茉莉花茶，女孩讲这话时一脸的自信和激情。

10美分的勇气

20世纪初,美国有一位叫贝丽的教师前来求助福特,她说明了来意后。福特从衣兜里掏出一枚10美分的硬币,扔在办公桌上,不屑地说:"我兜里就这么点儿钱了,你快拿着离开这里吧!"面对福特的侮辱和傲慢无礼,贝丽并没有拍案而起。她清楚,那样做她既不会得到资助,还会给自己徒增烦恼。贝丽慢慢地从桌上拾起了硬币,看了看福特,转身离开了。

原来,贝丽想筹资兴建一所学校,让那些穷困地区的孩子接受教育。贝丽听说有位叫福特的汽车商很有钱,而且热心公益事业,便去向他求助。而这之前,由于福特给予公益事业很多资助,便有很多人来找他,其中不乏无赖和骗子。这些人使福特对求助者充满了质疑。不明真相的贝丽的到来,成了福特质疑的对象。

贝丽用那10美分买了一包花生种子,把它们种到地里。在她的精心管理下,半年后,这一小片地变成了茂盛的花生园。

一天,贝丽又来到了福特的办公室。这一次,她不是来请求资助的,而是来还钱的。她把花生园的照片和一枚10美分的硬币交到福特手中,并对他说:"这是您半年前送给我的10美分,钱虽然不多,但是如果投资对路就会带来丰厚的回报。"福特看过照片后惊讶不已。随即,他签了一张25000美元的支票交给贝丽,这在当时可是个天文数字。不仅如此,在之后的几年中,福特还陆续为贝丽学校捐助了一幢以他的名字命名的教学楼和其他几幢漂亮的建筑。

当遭到侮辱和质疑时,有时像贝丽那样,凭智慧和气度可变鄙视为重视,这样的结果是:用10美分的勇气和智慧播种一片绿莹莹的希望,结满硕大的收获。

22个混沌

"玻璃大王"曹德旺的福耀集团要招聘一名财务主管。经过层层面试之后,有甲、乙、丙、丁四人进入最后一关,他们将接受总裁的亲自考核,以决定谁最终留下。

这四名应聘者无论在学历上,还是能力上都旗鼓相当,到底该录用谁,的确是一个头疼的问题。这天,曹德旺让助理通知四人来公司。从早上8点,一直等到11点多,四名应聘者也没见到曹德旺。眼看要到吃午饭的时间了,四个人早就饥肠辘辘。这时,只见曹德旺疾步走进来,冲他们呵呵一笑:"真是对不起各位,上午会见了一位客户,所以耽误了大家的时间。这样吧,中午我请大家吃馄饨,就算我向大家赔不是!"

四个人随曹德旺来到公司外面的一家小吃店,曹德旺让店家端上了五大碗热气腾腾的馄饨。大家的肚子早就饿了,闻到香喷喷的馄饨,也顾不上坐在面前是不是大名鼎鼎的曹德旺,一个个狼吞虎咽地吃起来。

很快几个人就吃完了各自碗里的馄饨。这时,曹德旺也吃完了,他放下筷子问四人:"你们吃饱了没有?"四人一起点头:"饱了,饱了!""那好,"曹德旺呵呵一笑,"请问大家,你们刚才各自吃了多少个馄饨呢?"

大家没想到曹德旺会问这个问题,其中的甲、乙、丙都摇摇头:"刚才只顾着吃了,还真没数呢。"只有丁站起来说:"我一共吃了22个馄饨。""嗯,很好,"曹德旺的脸上变得严肃起来,"这就是今天的考核题,我想说两点:第一,作为一名企业员工,能不能领会老板的意图是很重要的,我今天带你们出来吃馄饨的目的是什么?你们四人中只有丁领会到了；其次，作为一个未来的财务人员，要始终保持对数字的敏锐嗅觉。但是，你们这顿吃了多少个馄饨，也只有丁说得出来。所以，我不得不告诉你们，最后被录用的是丁！"

对于这次特殊的招聘，"玻璃大王"曹德旺给出的理由是：职场上的机遇，永远只属于那些有心而且有准备的人。

25岁,你在干吗

[1]

　　她今年25岁。家在农村,高中住宿,3年里的每个冬天穿的都是同一件淡黄色棉衣。学习很刻苦,高考成绩不错,去了一所一本院校学习意大利语。毕业后成为同学圈子里最早结婚的人,在美国工作,定居,丈夫是剑桥博士,现已定居美国。偶尔会在朋友圈里看到她发个"今天在英国某个小镇上吃到了Miss某某做的蓝莓小饼干真开心呀!"之类的状态。

　　我永远都不会忘记大学毕业那年去她学校玩,她请我吃饭时对我说过的那一番话——现在回望过去的4年,我敢拍着自己胸脯,问心无愧说,这4年里的每一天我都没有虚度,每一天都很努力,每一天都在成长,每一天都有收获,每一天都在进步!从那之后的很长一段时间,我都不敢回想自己大学4年都在干什么。有朋友说她运气好遇到了好机会,但我知道如果没有之前超乎常人的勤奋和坚韧做准备,即便遇到再好的机会也无力把握。

[2]

　　她今年也25岁。高中毕业后跟我是同一所普通二本大学,教育技术专业,李宇春铁粉,大学校女子篮球赛MVP。毕业后去北京娱乐圈做经纪人,发通告,跑片场,接演出,一年后给李玉刚做助理。再一年后被父母强制回家乡小县城参加教育系统招考,裸考晋级,无奈回到乡镇初中当计算机老师。去年二月贷款创业，到现在，她开的酒吧无论是服务、知名度、盈利状况都超出本地平均水平，酒吧收入远超教师工作收入。

我亲眼见证她的酒吧从诞生到发展再到现在的所有过程，我问她从北京到小县城这么大的生活节奏变化是如何调整的，回来不觉得遗憾吗？她说，是挺遗憾的，但是遗憾没用，只有全力以赴做好当下的每一件事！好在如今工作已调回县城，再也不用像以前那样只有在周末时才能回来经营酒吧，但在乡镇学校的日子里她每天看书学习的那段日子永远都不会忘记。虽然当初在北京跟她同一批入行的同事现在都月薪过万了，但她并不在意，她说现在她知道自己想过什么样的生活，每天都在路上。

[3]

他今年同样25岁。当时在学校以成绩优异，行为怪异闻名全校。我跟他在一起的时候总有一种我知道的他都知道，他知道的我都不知道的错觉。高考那年，他以我校文科第一的成绩去了国内一流大学学哲学，大学时参演了一部大学生情景喜剧红遍人人网。毕业后考研被社科院录取，成了目前我们那届高中同学在学术领域最牛的人。

前几天跟他联系，请他写篇指导高中生阅读的文章好发在学校的文学杂志上，他欣然答应，第二天便回给我一篇满是诚意和干货的读书建议文章。字里行间透出的学术素养和谦逊，让我看到他这几年在一个对于我们多数人陌生领域里的惊人成长。感激之余又想起他对我读书的影响，为自己在少年时遇到这一位良师益友感到无比庆幸。

[4]

我一直觉得，在当今的社会里想要取得一点成绩，也许并没有想象中那么难。因为绝大多数人都浮躁、懒惰、拖延、没有方向、好逸恶劳，只要我比他们稍微专注一点、努力一点、用心一点、多学一点、多做一点，就已经走到很多人前面了。

然而事实是如何呢？你真的一无所有吗？你真的不明白这些吗？你真的没有办法吗？

当25岁的你觉得自己一事无成时，真的对自己应该做点儿什么都一无所知吗？同样25岁，为什么有的人事业小成、家庭幸福，有的人却还在一无所有的起点上？因为上帝说了，他不能把世界让给你们这些懒汉。

30元的天价

1995年一个秋天的下午,身为电视台制片人的他正在街头闲逛,突然,他发现一个老头正在将一张牛皮切割成腰带兜售,看到这一幕,从小就热爱美术并造诣颇深的他眼前一亮,那张牛皮质地好,是手工鞣制的,纹理自然、原始、粗犷,是一块好材料,但老头做的腰带却太粗糙了,可惜了那么好的一块牛皮,他心动之下,就用30元钱买下了这块牛皮。

随后,他找到一位鞋匠,亲自设计制作了一个采访包,虽然做工简单,但配上粗犷的纹理,采访包却呈现出了一种原始而独特的美。第二天,他背着包去上班,到单位后,这款牛皮包受到了同事的一致赞叹。

得到认可让他更来了精神,下班后,他又找老头买来牛皮,开始亲自动手制作各种皮包。渐渐地,他对皮具制作达到了痴迷状态,经常一做就是一晚上,那时,他的工资只有800元,每个月却要拿出一半买牛皮,这个费精力又费钱的爱好让妻子再也不能忍受,他被赶到了地下室,虽然条件恶劣,但他却仍然乐此不疲。

有一天,他遇到一个开装饰公司的朋友,朋友看到他的作品后非常吃惊,商业意识极强的朋友马上想到把这些包卖出去,当晚两人彻夜长谈,一拍即合决定开店。

说干就干,他和朋友用一辆破三轮车拉着货,在村里捡了一个大石磨,捡了一些木头、茅草作为装饰、装修材料,并租下了一个店面,思虑良久,他为小店起了一个土味十足的名字"食草堂"。

但是,由于产品过于艺术化,顾客并不多,他经过分析后认为,应该给产品重新定位,当实用商品已不能满足人们需求,而纯艺术市场还没到来之时,只要能把艺术和实用结合起来,就会有市场。在这种理念引导下,"食草堂"开始重建,在店面设计、室内装修、商品陈列、色彩灯光以及皮具的制作工艺上都有了较大改进。

这一次,他破釜沉舟,辞去工作,全心投入到"食草堂"中,由于设计独特而实用,小店的生意一路向好,到了月底结算时,竟然卖了5万多块钱。3个月后,利润已经翻了倍,但这时,房东却突然要他退房。

他有些绝望了,就在这时,他发现了一个80多平方米的大店。一年25万,一个季度交一次,他咬咬牙,先交了一个季度租金,这时他已完全没了退路。如果3个月赚不到钱,就只能关门大吉了。开业那天他特别紧张,一直站在旁边抽着烟看着来往的顾客,直到晚上店里歇业了他才问营业员卖了多少,当得知一天的营业额已达7000元时,他心里的石头终于落了地。富有个性、别具风味的质朴真皮包,受到众多追求个性的青年追捧,3个月后,他不但赚回了房租,还赚了个衣钵丰厚,名利双收。

此后的10多年间,他的"食草堂"走入了经营快车道,进入2011年,他已经拥有了一家国内规模最大的手工皮艺设计、研发、生产基地,"食草堂"的6家直营店、140家加盟店遍布中国各大中小城市,甚至连日本、韩国、澳大利亚也有了加盟店,年利润也已超过了1000万。

他就是"食草堂"老板牛合印,时至今日,他仍然铭记着当初用30元钱买来牛皮的事情,他坦言,如果没有这30元钱的付出,自己是不会取得这样辉煌成绩的,从某种意义上来说,30元的价值要远远超过现在的1000万。

40秒的绚烂烟花

他已经是个当红主持人，但出于工作的需要，他不得不在某挡栏目里出任串场主持人，而且留给他的位置非常尴尬。由于节目结构的限制，主持人可以发挥的时间和空间其实极其有限，不客气地说，他的作用约等于一个报幕员，或者戏言一句，这纯属"打酱油"的差事。然而，这还不是最坏的，随着这档栏目收视率越来越高，广告商越来越多，他被逼加快语速念台词——1分钟内，要念完几页的赞助商名单。

一个不尴不尬的角色，却接下了一个令人望而却步的任务。要知道，普通人说话，语速一般不超过每分钟140字；按照播音员的专业考核标准，也不过是一分钟200字；就算是比较著名的快嘴节目，如中央电视台《天气预报》，主持人语速达每分钟350字，已经接近极限了。而他，要完成这个不可能的任务，就只能超越极限。

没有人知道他在后台经过了多少苦练，人们只是在节目里看到他的惊艳亮相——以每分钟400多字的语速，在40秒内，播完了长达几页的广告台词，而且毫不卡壳！于是，有人惊呼他"逆天"了，随着这档名为《中国好声音》节目的热播，他也顺理成章地被尊为"中国好舌头"，由于这40秒太过经典，竟招来众多网友的模仿，他进一步在网络里爆红。

40秒，他竟然把一个打酱油的角色，演绎成了"酱油帝"！而且，是在刘欢、庾澄庆、那英、杨坤等星光四射的大腕做主角，他只是一个小小的配角的情况下。

但是，如果你了解他的过去，了解他的奋斗史，你就不会觉得奇怪，因为，他一直就是一个勤奋和认真的人。

那时，他还是个在校大学生，在所参加的一场主持人选拔大赛中进入前十,获得了到电视台做嘉宾主持的机会。学校在郊区,而主持节目的地点在市中心,每天来回在路上的时间就要4个小时,为了赶时间,他连续两年的晚饭都是三块钱的蛋炒饭。

然后,他成为一名电台主持人,但给他的工作量远远超过主持人的本职,要策划,要组织,要拉赞助,要推广。面对如此苛刻的要求,换作别人,或者拒绝,或者虽然接受,但只能说是勉为其难地接受。而他,既没有拒绝,也没有勉为其难,甚至是欣欣然地接受了。后来,他说自己是幸运的,电台需要一个全能的主持人,也把他打造成了一个全能的主持人,从而给他的事业发展打下了非常坚实的基础。而幸运,难道不是靠他的勤奋和认真换来的吗?

后来,他转行去了电视台。一开始他非常不适应,面部表情僵硬,没有镜头感。为了改变自己,他多看、多练、多揣摩。自己的节目每期都会重看,只要有时间,一天至少要看4档综艺节目。在录节目时,他可以从下午一直到凌晨,足足7个小时不休息,有时每天只睡三四个小时。靠着自己搏命一般的努力,他终于华丽转身,成为一个电视主持人。

他在博客中曾写过一句话:"上天眷顾勤奋和认真的孩子。"其实,这也是他的真实写照。

他叫胡乔华,别名华少。现在他有多火,甚至已无须赘述。他只是用他的经历告诉每一个人:

只要足够努力,40秒也可以如烟花一般绚烂!

50美元买来的百万财富

  2001年的春天,一个从北京郊区来的农民游客,受朋友之托,在韩国的一家超市买了四大袋约30斤的泡菜。在回旅馆的路上,身材魁梧的他渐渐感到手中的塑料袋越来越重,勒得手生疼,他想把袋子扛在肩上,又怕弄脏了新买的西装。正当他左右为难之际,忽然看到了街道两边茂盛的绿化树,顿时计上心来。他放下袋子,在路边的绿化树上折了一根树枝,准备用它当作提手来拎沉重的泡菜袋子。不料,正当他为自己的"小发明"沾沾自喜时,便被迎面走来的韩国警察逮了个正着。他因损坏树木、破坏环境的"罪行",被韩国警察毫不客气地罚了50美元。50美元,相当于400多元人民币啊!这在国内能买大半车泡菜啊!他心疼得直跺脚,几欲争辩,无奈交流困难,只能认罚作罢。

  交完罚款,他懊恼地继续赶路,除了舍不得那50美元,更觉得自己让韩国警察罚了款,是给中国人丢了脸。越想越窝囊,他干脆放下袋子坐在路边,看着眼前来来往往的人流。发现路人中有不少和他一样,气喘吁吁地拎着大大小小的袋子,任凭手掌被勒得发紫而无计可施,有的人坚持不住还停下来揉手或搓手,他们吃力的样子竟让他觉得有点好笑,为什么不想办法搞个既方便又不勒手的提手,专门卖给韩国人,一定有销路!想到这儿他的精神为之一振,暗下决心:将来一定要找机会挽回这50美元罚款的面子。

  回国之后,他不断想起在韩国被罚50美金的事情和那些提着沉重袋子的路人,发明一种方便提手的念头越来越强烈,于是他放下手头的活计,一头扎进了方便提手的研制中。根据人的手形,他反复设计了好几种款式的提手,为了试验它们的抗拉力,又分别采用了铁质、木质、塑料等几种材料,然而,总达不到预期的效果,一段时间内,他几乎要丧失信心了,但一想到韩国那令人汗颜的50美元罚款，他又充满了斗志，他发誓要从韩国赚回这50美元百倍、千倍甚至万倍的钱，来挽回他丢在韩国的面子。

几经周折，产品做出来了，他请左邻右舍试用，这不起眼儿的小东西竟一下子得到了邻居的青睐，有了它买米买菜多提几个袋子也不觉得勒手了。后来，他又把提手拿到当地的集市上推销，可看的人多，买的人少，这怎么成呢？他急得直挠头，还是妻子提醒了他，把提手免费送给那些在街头拎重物的人使用。别说，这招可真奏效，所谓眼见为实，小提手的优点一下子就体现出来了。一时间，大街小巷到处都有人打听提手的出处，小提手出名了！

但他的发明的目标市场是韩国，试验的成功增加了他将这种产品推向市场的信心，他很快申请了发明专利。接着为了能让方便提手顺利打进韩国市场，他决定先了解韩国消费者对日常用品的消费心理。经过反复的调查、了解，他发现韩国人对色彩及形式十分挑剔，处处讲究包装，只要包装精美，做工精良，价格是其次的。他决定"投其所好"，针对提手的颜色进行了多样的改造，增强视觉效果，而后又不惜重金聘请了专业包装设计师，对提手按国际化标准进行细致的包装。对于他如此大规模的投资，有不少人投以怀疑的眼光，不相信这个小玩意真能搞出什么大名堂。可他坚信一个最通俗的道理："舍不得孩子，套不着狼。"这一回他横下一条心，豁上了！

功夫不负有心人，经过前期大量市场调研和商业动作、推广，一周后，他便接到了韩国一家大型超市的订单，以每只0.25美元的价格，一次性订购了120万只方便提手，折合人民币价值200多万元！那一刻他欣喜若狂。

这个靠简单的方便提手征服韩国消费者的人叫韩振，凭一个不起眼的灵感，一下子从一个普通农民蜕变成一位百万富翁，他用了还不到一年时间，而这仅仅是个开始。有人问他成功的经验是什么，他说，这是用50美元买来的。而50美元带来的不仅是财富，更是无穷的智慧。不错，正是这50美元的罚款让他发现了灵感。可世界上每天被罚款的人很多，却罕有被罚出成就的，也许他们认为自己失去的只是金钱，却不知其中或许还蕴藏着财富。生活中，只要你肯留心用心，处处皆智慧，皆是财富。而发现生活中的智慧和财富却是再简单不过的，只要人人都有一颗热爱生活的心。

那些被我珍惜的、挥霍的、虚度的时间,都成了没有回程的感伤。

把时间花在进步上,而不是抱怨上,就是成功的秘诀。

把时间花在进步上

把时间花在进步上

临近不惑,才真正感受到流年似水的深意。

那些曾经天真烂漫的、五彩缤纷的、豪言壮语的、意气风发的昔日……然而,一转身,它们都变成了留恋、追忆、怀念甚至后悔、遗憾。

那些被我珍惜的、挥霍的、虚度的时间,都成了没有回程的感伤。正如晏殊云:"无可奈何花落去。"

如今想来,自己把一些时间花在不该花的地方,也许你因此痛苦不堪甚至悲痛欲绝。其实这大可不必。古人云:"往者不可谏,来者犹可追。"最要紧的就是把剩下的那些时间花在该花的地方。

女作家六六说:"把时间花在进步上,而不是抱怨上,就是成功的秘诀。"如此精辟妙言,正好道出了我的心声。

六六所说的进步,应该指的是做那些有益于进步、有利于进步或本身就是进步的事情,那些属于真善美的事情。具体说来,它们体现在:改正缺点或不足,提高自己;取人之长补己之短,完善自我,不断"充电",丰富自己;征服困难,跨越自己;帮助别人,愉悦自己;胸怀天下,奉献自己……因此,从一定意义上说,进步就是指一个人在学识、品质、人格等方面的升华或升级。

把时间花在这些方面的人,他就是一个追求进步的人。把这样的人和不思进取的人放在一起,成功和好运肯定会毫不犹豫地选择前者。鲁迅说,我是把别人喝咖啡的时间都用在写作上的。而他一生虽然短暂,却著作等身。这都是他把时间花在写作上的结果。而写作就是他追求的进步,就是他为之奋斗一生的目标。而目标又因人而异。但是,只有适合自己的、符合进步的目标才是成功的方向、寄托,也只有它们才像一片片土壤,在你辛勤地耕耘、浇灌、呵护下,才能结也累累的进步之果。

因此,把时间花在进步上,就是把更多的时间、精力、心思、努力、智慧等全都集中在提升自己和自己选择的目标上。只有这样,成功和好运才会青睐你,选择你。

把自己变成天鹅蛋

他读的是一所师范学院，毕业那年春天，有门路的同学都四处托人找关系，他也想找一份各方面条件都比较优越的工作，但他家是农村的，父母都是种地的农民，一点门路也没有。那一年，师范毕业生超员，想留在大城市根本不可能，唯一的出路，就是到农村去，那里的学校缺老师，只是条件很差，信息闭塞，文化生活单调……可不去那里，又找不到别的工作，四年大学就白念了，没有办法，他只好带着情绪去了一所偏远的农村小学，成了那里的孩子王。

在那所坐落在大山深处的小学里，他常常会有一种窒息的感觉，大山连着大山，山路崎岖漫长，让他看不到希望。有时，他悲观地想，自己可能这辈子就得老死在这个山沟里了。

是一则故事改变了他，那是在一本民间文学杂志上看到的：很久以前，大山里住着一个人，他养了几百只天鹅，还有几百只鸡，每到春天，他就把天鹅蛋和鸡蛋分别放到天鹅的窝里和鸡窝里，由母天鹅和母鸡孵出小天鹅和小鸡来，这年春天，他照例把两种蛋分别放到了各自的窝里进行孵化，但他错把一只天鹅蛋放到了鸡窝里，由母鸡进行孵化。这只天鹅十分痛苦，因为它想到，别的天鹅蛋都放到了天鹅窝里，将来能变成天鹅，而自己被放到了鸡窝里，将来孵化出来就只能是一只鸡。日子一天天过去，到了出壳的日子，小鸡纷纷啄破蛋壳跳了出来，它也跳了出来，这时，主人看到了，惊讶地看着它说："这怎么出来一只天鹅呢！"它一听这话，连忙看自己，原来，自己真的是一只天鹅！它兴奋极了，这才明白，只要自己是个天鹅蛋，哪怕被放到鸡窝里，孵化出来的也一定是天鹅。

这则故事给了他很大的启发，从那以后，他就以积极的心态去努力，在搞好教学工作的同时，利用一切可以利用的时间努力学习，四年后，他考上了研究生，获得硕士学位后，留在了省城一所高校任教。

　　环境虽然对人的发展有影响，但只要自己肯努力，同样能冲破环境的限制，取得成功。再烂的环境也有成功的可能，前提条件是：只要你是个天鹅蛋。

开好自己的花

我的家乡韩家派庄,是一个偏僻的小山村。我是村里第四个考上大学的。在20世纪90年代中期,大学都还没有扩招,能考上大学的,在村里就成了大家羡慕的对象。当然,这也是我的梦想,从小,父母就告诉我,要好好学习,考个好大学,将来就不用面朝黄土背朝天地干农活了,就翻身成了城里人。我就是在这样的引导下,实现了这个梦想。这个梦想实现后,村庄沸腾了好长一段时间,在那段时间里,"韩洪吉的儿子考上大学了。""韩洪吉的儿子真争气。"等等,诸如此类的话随处都能听到。而且,很多人,包括村支书都送来了钱,表示祝贺。

从那时候起,我知道了——一个人一旦要是取得了一定的成绩,就会被人羡慕、祝贺、重视,而且,一个人的成长与亲人、乡邻、村庄密不可分。我的一点喜气被他们一分享,就成了大家的喜气。

大学毕业后,我成了一名教师。我很喜欢这个工作。认着备课、上课、批改作业……工作之余,我就坚持读书、写作。说实话,成为一个作家,才是我真正的梦想。因为,这个时候,我有了自己的判断和分析。以前的理想,比较模糊,它其实只是一种对未来美好的向往。现在,清晰了,自己知道自己喜欢什么。

当我的文字,像一株株小草一样,在不同的报刊上显现着自己的那一点绿,我的心甜如蜜。在写作中,很多编辑热心来找我约稿,有的找我写专栏,杂志社邀请我参加过笔会等等,这一切都是对我的鼓励、督促,也加快了我梦想的实现速度。同时,这也让我认识到,自己的进步离不开这片热土上的好心人。

目前,最热让我开心的是,我的十几篇文章被全国很多地方当作语文考试阅读材料。我的同事、朋友曾多次对我说，你的文章开始影响别人了，把你心中美好情感和思想传播出去了，这是一件好事。他们这样一说，我竟然有了一种责任在肩的感觉。

当一个作家，不能仅仅为了表达自己的喜怒哀乐，关键要传播正能量啊。当然，我还不是一个作家，充其量就是一个写手而已。即便如此，我也要以一个作家的身份要求自己，实现自己的价值和意义。

前些日子，人们都在谈论中国梦，而中国梦就是民族复兴之梦。这不是那个人、哪个民族的梦，而是我们大家共同的梦。我们每个人该做些什么呢？其实，每个人只要做好自己，这本身就是一种贡献，至少，你没有损害她的一丝一毫。而我想用自己的文字，做砖做瓦，为自己的祖国显出仅有的一点心意。而这，是必须的，因为没有祖国的繁荣，哪有自己的生机？如果到处黑暗、战争，你哪还有闲情去写作呢？再说，在我的成长中，那么多人关心过我，我有什么理由不去做好自己呢？

祖国是个花园，而我们每个人都是其中的一朵朵花，把自己的那朵开好，献出自己的那份美和馨香，整个花园因你而变得更美、更香。这何尝不是一种回报和感恩呢？

把自己给辞退

法国青年莱尼和亚克是好朋友。高中毕业后,他俩相约来到一家装潢公司求职。

公司老板艾维看了看他俩递过来的高中毕业证书,有些无可奈何:"真是对不起,你们的学历太低,安排不了合适的职位。"亚克急了:"老板,我们不要好工作,只要能管吃管住就行!"艾维从抽屉里找出一本人力资源登记表,看了一眼后对两个年轻人说:"这样吧,我们公司在巴黎戴高乐广场附近有一个项目,目前正进入水电安装阶段,还缺人手,你们明天就去工地上干活,管吃管住,每天工资10欧元,至于具体干什么,工地负责人会交代你们的。"

第二天,两人来到工地,工头罗迪告诉他俩:"你们的工作就是把电工安装电线时落在地上的零散铜线头收集起来。"

就这样,莱尼和亚克每天都在工地上转悠,见到铜线头,就捡起来装进一个塑料袋子里。一周下来,细心的莱尼算了一下,他们俩加起来也就捡了20公斤的铜线头,其价值也不过60欧元,比起两个人每周140欧元的工资,那真是太不划算了。长此下去,公司岂不是要吃大亏?有一天,莱尼忍不住和亚克谈起了这件事,说要向老板汇报。谁知,亚克敲着莱尼的脑袋说:"你傻呀?如果老板知道用我们不划算,我俩就要去喝西北风了。"

但第二天早上,莱尼没去工地捡铜线头,而是直接去找老板艾维。艾维似乎知道莱尼要来,:"小伙子,你准备说些什么呢?"

"艾维先生,我觉得您聘用我和亚克的确不划算!"莱尼认真地说。"哦,你说说看!"艾维很感兴趣。"我算给您看,"莱尼从艾维的办公桌上拿过纸笔,"我这一个星期一共捡了10公斤的铜线头,市场价值30欧元,而我一周的薪水就是70欧元,我觉得自己占了公司的便宜,天长日久,这对公司是一笔不小的损失。所以,我今天来的目的,就是希望艾维先生您辞退我!"

莱尼的这番话,艾维不但没有惊异,反而哈哈大笑起来:"莱尼,你真是太可爱了!其实,我早就算过这笔账了,我也知道你们会算这笔账,我一直等着你们上门来告诉我。今天你能来,说明你是一个对公司忠诚的好员工,我们公司也恰恰需要像你这样责任心强、一心为公司谋利益的人才。从明天开始,你就代表我做工地监督。"

很多时候,你是不是老板所需要的那类员工,并不需要多么复杂的考核,在捡铜线头这种小事中,就足以看出一个人对企业的忠诚度。请老板辞退自己,体现的正是莱尼对公司负责、替公司着想的职业精神。

摆脱内心的欲望

有一个武师功夫不错，平日里最大的爱好就是和别人比画拳脚，自从出道以来不曾输过。后来，一个偶然的机会，武师听说在河南少室山附近有一个禅学和武功都非常了得的禅师，于是便千里迢迢赶到禅师那里要求比武。

禅师听完武师的来意之后，却没有立即接受对方的挑战，只是泡上一壶清茶请对方好好休息一下。武师心情有些烦躁，说什么也要和禅师马上比武，禅师拗不过他，便和他约定第二天清晨在山峰比武。

第二天一大早，武师就早早起了床，迫不及待地来到了约定的地点。过了一会儿，禅师也气定神闲地来到了这里。

"动手吧。"武师行了礼之后立刻拉开架势严阵以待。可让他没想到的是禅师并没有摆出比武的样子，反而笑呵呵地走到了一块向半空中突出的石头上，缓缓说道："您是高人，我先在这块石头上面给您打一套拳法，您先帮我指点指点，然后再比武也不迟。"

说着，禅师跳上了这块有一半悬在半空中的巨石上。武师看了看这块石头，又看了看正在调理气息的禅师，不由得倒吸了一口冷气！石头下面就是深不见底的万丈深渊，这块石头有一半的面积都悬空了，山里清晨的湿气非常重，石头上面沾有一层薄薄的露珠，要是脚下一滑，那岂不是要葬身在这万丈深渊？

武师刚想劝劝禅师，没想到对方已经挥拳迈腿，在沾满了露水的巨石上打起了拳。这一套拳法打得虎虎生威，双拳划破空气的清脆声连绵不绝。

禅师全神贯注地打着这套拳，似乎全然忘了脚下就是万丈深渊，也没有丝毫的惊慌和恐惧，每一招都做得沉稳有力。可是站在旁边的拳师却远没有这份定力，早就渗出了一身冷汗，心都揪了起来，但是又怕自己的劝阻让禅师分心，所以继续保持着沉默。

过了一会儿，禅师的拳法打完了，他从巨石上跳了下来。武师连忙大步走上前去，向禅师抱拳行礼："今天这武我不比了，您赢了！"

禅师拉过武师的手，哈哈大笑："知道我为什么能站在悬崖边上而不恐惧吗？"武师茫然地摇了摇头，禅师笑着告诉他："你心中装的是好勇斗狠非要战胜别人，所以自然患得患失，心中充满了忧惧，心气浮躁沉不住气，自然发挥不出自己全部的实力；我一个山野老僧不为争名夺利，心中纯净安稳，所以即使在生死一线的环境里也能发挥全部力量。"

武师若有所悟，轻轻点了点头，老禅师继续说道："学武也好，做人也好，都不是为了征服别人，而是为了战胜自己。战胜自己争名夺利的欲望，战胜自己好勇斗狠的性子，战胜自己浮躁癫狂的内心，为自己寻得真正的安宁和清净。"

禅师说完之后，飘然而去。武师站在原地默默地想了很久，之后，脸上忽然露出了一丝微笑，转身大踏步地向山下走去。

几年之后，当年的武师声名鹊起，无论是人品还是武功，都为人所津津乐道。

当一个人摆脱了内心种种过度和不当的欲望之后，他就能获得宁静安稳的心态，而一个内心沉稳安宁的人才可能不惧生死不忧聚散不为外界的压力所动摇，才能将自己全部的潜力发挥出来，进而取得人生的辉煌和圆满。

搬起石头来干吗

杨康第一次遇见郭靖的时候,是在穆念慈的比武招亲现场,杨康搂了穆念慈,并没有被行政拘留,因为他是太子党。郭靖看不过眼,找杨康说理,被杨康打得鼻青脸肿。那时候杨康武功比郭靖高出不少,让江南七怪都绝望了。

那次打架以后,两人走了不同的发展路线。整本《射雕英雄传》,杨康学武功的镜头没几个,也就跟梅超风学了九阴白骨爪,跟灵智上人啥的学个三招两式,其他时间就是琢磨着搬起石头砸人,对自我的要求相当放松。郭靖老觉得自己是个笨笨,老起早贪黑地练,有马钰老师的底子,又跟洪七公学降龙十八掌,跟周伯通学双手互搏,从全真七子那儿悟天罡北斗阵,他并不想打谁,但已经没人可以打他了。

杨康和郭靖是两个生动的例子,杨康搬起石头砸别人,但最后砸了自己的脚,他最后的死法,是欧阳锋的毒蛇咬了黄蓉的软猬甲,而杨康用九阴白骨爪抓了黄蓉,中毒而死,应了那句歇后语:搬起石头砸自己的脚——自作自受。郭靖并没有真正地杀过人,他没有搬石头砸人的愿望,但他对武学的痴迷,以及摆脱个人困境的努力,使他一步一个台阶,走向武学宗师的高度,这就是搬起石头垫自己的脚。

《红与黑》中于连离开家乡之后,到了修道院,由于和院长的关系比较特别,他遭到了周围普遍的嫉妒。记得在一个章节的题目下面,写着这样一句话:消除嫉妒的唯一办法,是把差距拉大到别人无法企及的程度。这句话对我启发很大,在尔虞我诈的修道院里,于连采取了一个办法,他并不把同学们当对手,他每天强迫自己刻苦学习,让自己变得十分优秀,当机会来临时,他牢牢地抓住。最后,对他嫉妒的人承认了现实,对他的态度反而变得好了起来。

于连当然没有郭靖天性纯良,他的动机就是要打败所有人,但他的智慧在于,他不是搬起石头把别人砸倒,以显示自己的成功,如果那样做,他在修道院的下场不会很妙。在方法上,他采取了和郭靖一样的路径,不把别人当成靶子,而是只注视自己的前方,把一块块砖垫在脚下,不断地超越自己,最终让自己站在了高处,看到了墙外的风景。那个时候,已经是一览众山小了。

我们总是关注别人太多,以至于忘记了自己。表面上,搬来石头垫自己脚下,是一个挺不高明的路子,但是梳理一下杰出人物的成功之路,会发现一个普遍规律,或因为高远的目标,或是内心精神的推动,反正认准了一个方向,就眼观鼻、鼻观心,一心一意地埋头走下去,经历的艰难困苦,都不是与别人搏斗,而是克服自我实现的障碍。在走了一段路程之后,停下来一看,发现自己已经站在了人生之巅。

这个时候,再坐下来看风景之余,如果盘点自己走过的路途,会发现一块石头一块石头垫出来的,是一条完美的直线。这正应了一条颠扑不破的真理:两点之间,直线最短。所以,搬起石头垫自己的脚,是对自己人生最好的设计。

半瓶水里看人生

满瓶水不响,半瓶水响叮当。这是从小学到的道理,叫作不自满。说说也许是这样,但人生会有满瓶水吗?没有!如果说成就是水,那么,满瓶水的成就,世上有吗?功德圆满这四个字,说是有,其实没有。满招损,谦受益。这话有道理。满则溢,从桶沿那最短的一根木板溢出去。大人物都不敢说大话,开口就说一生功过三七开、四六开。因为事业干得大了,七成也罢,六成也罢,都会彪炳史册。小人物的工作总结全写好话,真的都是硕果又有几斤几两?

半瓶水如果是人生,那么,凡是在这个世上还有一口气的人,都是半瓶水。从出生到死亡,无论两头从哪头算,都只有半瓶了。小孩子过满月,老人过七十大寿,都是乐观主义地看人生:活了一个月开始有活头了,活了七十年了是个老寿星了。如果是悲观主义:哎呀,生命已经支走一个月了。天哪,生活支付了七十年,所剩无几了!人生永远都是半瓶水,于是看待半瓶水的方式不同,就有了悲观主义和乐观主义,就有了悲剧人生和喜剧人生。

看到半瓶水,甲十分悲伤,"怎么办好呢?只剩下半瓶水了"。惶惶不可终日。看到半瓶水,乙十分高兴,"太叫人开心了,居然还有半瓶水"。高兴得叮当乱响。

天天在城市大马路上开车的白领,要过有品位的生活,于是花了大把的钱,去攀登雪山。吃不上,喝不上,命悬一线在悬崖上冻个半死,然后总算活着回到城里。"哎呀,能回到大自然多好呀!"他想下一次还要去登山,在饥寒交迫中找到成就感。

天天在深山里过日子的穷孩子,一生下来父母就让他们刻苦读书,天天翻山越岭，天天风餐露宿，终于有一天考进了城里的学校。"能在水泥铺的马路上走路了！"他想，"我一定要挣大把的钱，再也不回山里了，还要把爹妈接进城里来！"他活得很充实了。

白领和刚进城的穷小子，住在一幢楼里。白领住在顶层，小青年租住在地下室。白领看着天天从地下钻出来的小青年，悲悯之情油然而生："多可怜的孩子！"小青年看见白领，喜悦之情溢出胸怀："我是和白领住在一幢楼里！"假如这幢楼是个大瓶子，他们都看到了半瓶水的人生。

如果人是瓶中的水，现实是瓶子，那么，水的悲观主义来自对现实的不满："水的天性是自由！我是小溪，我是江湖，我是大海，哎呀，就是这可恨的瓶子，束缚了我的天性，多不自在啊，如果不是这瓶子，我的生活多么丰富而浪漫！唉……"我们常听到这样的抱怨，我们听到抱怨命运的瓶颈太无情了。

如果是盛水的瓶子，也会发现自己是大材小用了："为什么偏偏是我来盛这无色无味的水呢？别的瓶子中盛着是美味的果汁，是醇香的酒，是甜的蜂蜜，是浓的乳液……什么叫命？这就是命，一杯清水相伴。"我们也常听到这样的诉说，我们觉得瓶子的确无奈。

只有当一个事件发生，一只手无意地改变了这个格局：盛水的瓶子从桌上滑落，摔碎在地上。没有了瓶子的水，很快变成一团渍印，消失了。没有了水的瓶子，带着裂纹，被丢进了垃圾箱。"我曾经有过半瓶清亮的水，那时，我肌肤光滑而没有一丝伤痕……"破瓶子说着半瓶水的老故事，就像祥林嫂诉说着当年。这种故事有淡淡的忧郁，总是很动人，如同半本张爱玲。

半瓶水竟是如此丰富多彩，如人生，如命运，如絮絮叨叨的文学；若是满满的一瓶水，若是空空的空瓶子，我们只会无话可说了。

包装人生

日本是一个十分重视包装的国家，一件100元的物品，可以花200元来包装，把100元的东西提升为1000元、2000元的价值。经过包装的商品，就像一件件艺术品，给人赏心悦目的感觉，所以在日本逛商店，也是一种享受。

包装也有各种不同的手法，有的商品用纸盒包装，有的用木盒包装，像美国的巧克力、欧洲的饼干，都用美丽的铁盒子来包装，让人一见到美丽的包装盒，就会动心想要购买。可见美国、欧洲和日本一样，在包装的观念上有所改变，包装可以说是愈来愈受世人的重视了。

对于我们每个人的人生而言，包装也是不可避免的工作，人的一句话、一件事，只要用心加以装饰一下，就会更加美丽。人生要如何包装呢？

人的身体要讲究包装，而量身定做衣服，就是最好的包装。衣服不但讲究质料、款式、色彩，尤其要合乎年龄、身份。在人群里要想出众，成为众人目光的焦点，除了靠自己大方的仪态、高贵的气质外，适度地借助衣服来包装自己，也是十分重要的。很多人为了穿得好看，种种的花费都在所不惜，目的就是希望把自己的身体包装得更加美丽、更为尊贵。

人的面孔有眼睛、耳朵、鼻子等感官，他们不必掩藏，但也需要用化妆品加以包装。包装适当，一张普通的面孔就会变得美丽动人，这就是面孔包装的效果。

语言也要包装，没有经过包装的言语不够优美、不够艺术。尤其一些平凡的话语，不能引起别人的重视，所以聪明的人说话，都懂得包装一下，语言就会更加动听。那么语言该如何包装呢？有的人用自我调侃来包装，有的人用谦虚含蓄来美化，最好是用幽默风趣来引人入胜。所谓幽默就是诙谐、机智，不流于粗俗，这都能增加语言的魅力。

还要用慈悲心来包装行事。为人处世，要有悲悯情怀。每个人都怕别人轻视他，假如对人尊敬，有悲悯心，有事肯向人请教，就会得到好的反应。慈悲无敌，慈悲的人不会被人排拒；人有无量的慈悲，就有无量的方便，所以用悲悯包装行事，无往不利。

此外，要用谦卑包装态度。在人间行事，如果用傲慢的心，必为人所不喜；假如带着谦卑的态度，待人客气有礼貌，对方必定欢喜接受。做人谦卑，不但是表现自己的修养，也能消除对方的傲慢。降低对方的姿态，让他肯以平等温和的心来和我们来往。

所以，人生需要一些包装，这也是很正常的事。

做最真实的自己

从前,有位年轻人,在父母去世之前,他一直与父母生活在山上,因此对山下的生活不甚了解,而且也不大与人交流。父母去世后,年轻人决定去山下闯荡一番。

到山下后,年轻人发现,很多人都与他很不同,他们说话很大声,中气十足。年轻人在山上生活时,并没有觉得自己温顺的性格有什么不妥,但到了山下,竟然有人说他"娘娘腔"。为了摆脱这个称号,他也开始学着大声说话,大口吃饭,大口喝酒,衣服也不经常打理了。后来他越来越大大咧咧,又有人说他"粗鲁""野蛮",这时他又不得不收敛自己的行为,处处小心。总之,随着人们对他的评价,他不断改变着自己,甚至连工作也换了好几份,但是一直不能得到所有人的认同,甚至得到更多的"建议",有些建议甚至是截然相反的,这让年轻人十分苦恼,左右为难。与此同时,不断改变自己也让他疲惫不堪。

为了找到生活的真谛,排解心中的苦闷,年轻人决定听从一位老人的话去找寻禅师解惑。禅师很亲切地接待了这位可怜的年轻人,问:"是什么事情让你这样苦恼不堪呢?"

"禅师,请您帮我解除心中的苦恼吧!我的内心是这样的烦乱,我不知道该怎么办?我听从每个人的建议,但还是不能做到让别人都满意。各种矛盾在我心中缠绕,现在连我的生活和我的内心都变得杂乱无章了。请禅师为我解除这心中的苦恼吧。"

禅师听了年轻人这番诉说后,什么都没说,只是带着年轻人来到了后院一间古旧的小屋里。那间屋子里只有一张桌子,而桌子上放着一杯水,似乎是很久没有人来过了,桌面上积满了灰尘。进屋后,禅师只是看着杯子微笑不语。年轻人随着禅师的眼光也向杯子看去。看着看着，年轻人竟然好像悟到了什么道理。

这时，禅师问道："这个杯子已经放在这间屋里一整天了，有无数的灰尘落在里面，但是水却还是如此澄清透明，你说是为什么呢？"

年轻人想了想，忽然激动起来了，说："禅师，我明白了。因为灰尘都沉到杯子底下了，所以水才会如此清澈。"

禅师意味深长地说："生活中你总会接触这样那样的东西，这些东西就像落在水杯里的灰尘，而你的心就像水杯，你越是振荡，就越会把水搅得一片浑浊。如果你能把这些东西都沉淀下去，让你的心静下来，那你心中的水就会像这杯水一样清澈了。"

看着年轻人若有所思的样子，禅师接着说道："你本来就是个有慧根的孩子，只不过是被世间的一些假象迷惑了。你本来就很好，做你自己就够了，何必随别人的想法而左右摇摆呢！现在关上你的耳朵，回归心灵最初的宁静，好好听听你的心声吧。"

年轻人沉默了许久，想了很多，突然想起了自己最初的模样。那时的自己性格温和、待人有礼，虽然有人说自己"娘娘腔"，但也还是有很多人喜欢自己，反而是不断改变自己以后，喜欢自己的人才变得越来越少，而且那时的自己也是最单纯、最快乐的。

过了许久，年轻人终于开口了："多谢禅师！我想我知道自己错在哪里了。"

"静下心来，做最真实的自己，你心中的苦闷自然就化解了。"

总有一朵花为你开放

提起那段委顿暗淡的日子,他总是豁达地笑笑:总有一朵花为你吐蕊。

原来他初入职场,在一家很著名的大公司,同事们都是业内的精英。只有他初出茅庐,没有一点经验。于是同事们调侃道:招聘会上,一定是总经理打了个盹儿,于是大笔一挥,把你圈了进来。

渐渐地,同事们不再跟他谈工作上的事情,而是公然地嘲笑他,并且像对待奴仆一样吆来喝去:呆瓜,给哥哥冲杯咖啡;木鸡,给兄弟买包烟去;傻小子,叫外卖去……

他虽然不情愿,但总能强装笑脸。时间久了,怨愤便像发酵的面团,在他的心头迅速膨胀起来。

于是,当同事们谈笑风生的时候,他充耳不闻,只是板起脸来,要么专心地看一些资料,要么仔细地侍弄身后那些花花草草。

"这种日子,就像笼中的困兽一样。我一定要打破牢笼,冲出去。"一个声音总在他心里愤愤地呐喊。

一天,业务主管喊他过去,命令他给总经理送一份策划好的文案。他忍不住多看了一眼,竟然发现一处疏漏。于是斗胆提出自己的想法。

他刚开了个头,主管就不耐烦起来,直着嗓子咆哮:"你小子算老几?你也配?"

他涨红了脸,瑟缩着退了出来,怨恨却像一堆被烈火点燃了的干柴一般,在心底熊熊燃烧起来。

他飞快地从上衣口袋里掏出红笔,在文案上面标出错误,并写上自己的修改意见。然后签上名字,那字迹飞舞得就像一条即将腾空而去的飞龙。

　　他径直敲开了总经理的门，昂然地走了进去，又傲然地回到办公室，丝毫不理睬同事们投来鄙薄的目光。

　　他知道，是到了应该离开的时候了。于是从容地收拾自己的东西，猛地转身，发现身后的一株草竟然开花了：米色的小花，精神抖擞，散发着迷人的芳香，清新淡雅，楚楚动人。

　　他惊诧得目瞪口呆，听同事们说，这株花买来已经很多年了，从来没有开过，直到昨天都毫无开放的迹象，今天，竟然就这样毫无征兆地绽放了光洁美好的容颜。它一定是为我开放，一定是为我吐蕊。他的嘴里无声地喃喃着。

　　这时，有人在拍他的肩膀，回头一看，业务主管面红耳赤、神情尴尬地站在他的面前。"对不起！我……我向你道歉。总经理对你的修改大加赞赏，他说……说让你沉寂得太久了，是该让你大显身手的时候了。"

　　瞬间，他恍然大悟：原来这株草是以开花的方式来为他送别，是以绽放的方式向他的崭露头角表示祝贺。他再次回头深深凝视着那朵花，禁不住热泪滚滚。

　　如今，他已是另一家大公司的老总。他总是喜欢对每一个初入职场的年轻人说："无论日子多么忧郁阴霾，无论岁月让你蒙尘多久，你总要相信，总有一朵花为你吐蕊。"

卓别林的尊重

在一次巡回表演的过程中,卓别林通过朋友的介绍,认识了一个对他仰慕已久的观众。卓别林和对方很谈得来,很快就成了关系不错的朋友。

在表演结束之后,这个新朋友请卓别林到家里做客。在用餐前,这个身为棒球迷的朋友带着卓别林观看了自己收藏的各种各样和棒球有关的收藏片,并且和卓别林兴致勃勃地谈起了心爱的棒球比赛。

朋友对棒球爱到了痴迷的境界,一旦打开话匣子之后就收不住了,滔滔不绝地和卓别林谈起了棒球运动。从对方谈起棒球开始,卓别林的话就少了很多,大多数的时候都是朋友在讲,他则微笑注视着对方并认真地听着。

朋友说到高兴的地方,两只手兴奋异常得比画了起来,他说起自己亲自体验到的一场精彩比赛时,仿佛已经置身于万人瞩目激动人心的棒球场上了,完全沉浸在了对那场比赛的回味之中。卓别林仍旧微笑着看着对方,偶尔插上几句,让朋友更详细地介绍当时的场景。朋友越说越兴奋,只是对一直没能得到那场比赛里明星人物的签名有些沮丧。不过,这种沮丧的情绪很快就被他对那场比赛的兴奋所冲淡了。

那天中午,沉浸在兴奋之中的朋友说得兴起,差点把午饭都忘记了,直到他夫人嗔怪着让他快点带客人来吃饭的时候,他才不好意思地笑着拉起卓别林来到了餐桌前。那天的午餐,大家的兴致都非常高,尤其是卓别林和这位新认识不久的朋友,彼此之间相谈甚欢。

在当地的演出结束之后,这位新朋友非常舍不得卓别林,一直将他送出了很远,才恋恋不舍地道别。

不久之后,这次巡回演出也告一段落。回到家里,卓别林通过各种关系费尽周折找到了朋友说起的那个棒球明星,请他在一个棒球帽上签了名之后,卓别林亲自把这个棒球帽寄给了远方那个对棒球极度痴迷的朋友。

卓别林的举动让他身边的人非常不解,因为大家都知道,喜欢安静的卓别林对棒球从来就没什么兴趣,他们简直就无法想象一个对棒球丝毫不感兴趣的人只是为了朋友的一句话,就费了这么大的精力去要一个签名。尤其是当大家知道了对棒球一无所知的卓别林居然和朋友聊了大半天的棒球比赛,大家更加想不明白了——要知道,在那么长的时间里听朋友讲一个自己完全不感兴趣的事情,那种滋味儿可是非常难受的。

卓别林倒是很洒脱,他告诉身边的人:"我是对棒球不感兴趣,可我的朋友对棒球感兴趣,只有尊重他人所尊重的事物,别人才能感受到自己被理解被尊敬,这是一切友谊的基础。"

后来,当朋友听到了卓别林这段话之后,拿着他送来的棒球帽,感慨良久。两个人的友谊整整延续了一生。很多年之后,已经白发苍苍的他说起这段往事仍旧慨叹不已:"我今生能够成为卓别林的朋友,是我最大的荣幸。是他让我明白了什么叫作真正的尊重和真正的友谊。他的人格光芒,照亮了我的一生。"

这世界上有千千万万的人,每个人的兴趣爱好各有不同。我们只有尊重他人所尊重的一切,尊重别人的爱好和兴趣,才能和他们产生共鸣成为朋友。世上的悲剧,往往是由于不懂得尊重别人的兴趣,不懂得欣赏别人的行为方式和不懂得包容别人的生活方式而产生的。一个真正拥有智慧的人,必定是一个懂得尊重和包容他人一切的人。尊重他人所尊重的一切,也就是在为自己广交朋友,从而为人生的辉煌打下良好的基础。

自卑化为动力

这是一朵开在卑微深处的花。虽然气势不够张扬，举止不够自信，芳香不够浓郁，却始终是淡雅而悠长，坚韧而持久的。它不因风雨而变色，不因寒暑而凋零，不求掌声赞美，一心只为安静地开放。

她是我认识的最低调的女子。

文字写得好，华丽而大气，温婉而诗意盎然；工作做得风生水起，在单位是部门领导，成绩有目共睹；孩子也教育得十分出色，明理懂事，成绩优秀，刚刚考入重点中学。

可是，她却是少见的低调。总说自己不够聪明，做得不够好，唯有努力。开始我还以为她谦虚，后来发现真的不是，她做事的确有点笨。除非工作需要，与人交往她轻易不主动开口，开始我还以为她清高，后来发现，真的不是。因为你若主动去跟她沟通，她会回报以最真挚的友好和热情。在很多不需要她上台说话的时候，她都是安静地坐在那里，或翻看一本书，或在本上写下几行字。

这是一个很奇怪的女子，于是我怀着一颗好奇心刻意地走近她，结果轻易就获得了她的信任，通过相处才得知其低调是源于她内心的自卑。

她本来就是一个内向的女孩。少年时代更因为身体残疾，承受了无数异样的目光，把一份自卑深深镌刻于心。后来好不容易才治好了残疾，和别人一样恋爱结婚生子，在平凡的幸福中刚刚积蓄了一点自信，便又有霜雪袭来，刚过而立之年再遭离婚丧父。于是，一个平凡柔弱的女子牵着不谙世事的孩子，行走在原本势利纷繁的红尘间，挣扎着走过无数黑夜苦痛，受尽了无数委屈伤害，还有那些有意无意间的轻视与不屑，让她的自卑变得更加深厚而沉重。

离婚五年，她买房购车，加薪升职，走出生命的低谷，赢得亲人同事朋友的由衷欣赏和钦佩。

可是，那份儿自卑已经与她如影随形，不可分割了。

她说：因为自卑，所以永远不放弃努力。努力地工作，认真地生活。我用别人逛街看电视的时间读书思考工作，所以才能比别人做得更好。我尽可能地陪伴孩子的每一天成长，所以孩子才阳光自信。

她说：因为自卑，所以自省。我知道自己正在做什么，也知道自己能够做什么。所以时时谨慎，事事在心。尽最大的努力，做最坏的打算，始终是她的座右铭。

她说：因为自卑，所以自律。不敢轻易放纵自己，永远珍惜自己的拥有，感谢生活的馈赠，因此能始终安静如水、从容不迫地把握着自己生活的节奏。

听了她的故事，我无限感慨。原来不仅自信能让人美丽充满阳光，那深藏于内心的自卑也可以转化为生命的动力，让人隐忍奋发，催动我们生生不息地去努力，成就一段美好人生。

每一个不同寻常的梦想,都有着不为常人所知的力量,给不如意的现实生活带来无穷的希望。

这个世界有卑微的人,却从来没有卑微的梦想。

再小的梦想也伟大

"自由"实验

记得上小学的时候,艾丽丝老师在一个周末布置了课外作业:做一项实验。通常,实验往往都与化学、物理、生物等学科有关,但是这次实验的内容却要求阐述"自由"概念。

"自由"也能通过实验表达出来吗?同学们感到非常新奇。

周一,大家都交作业了。同学们的实验方案都很好,其中阿曼达、查理和安德鲁的实验最精彩。

阿曼达拿出了5个颜色不同的盒子,递到老师面前,要她选一个自己喜欢的颜色。艾丽丝老师选择了粉红色的盒子。然后,阿曼达又拿出了5个黄颜色的盒子,让查理选择一个。查理显得很不高兴,漫不经心地选择了一个。艾丽丝老师在一旁笑了起来,问阿曼达这个实验有名称吗?

"有。"阿曼达答道,"这个实验叫'选择'。"她解释说,有了选择,才有自由。查理不高兴,是因为那5个盒子都是同样的颜色,他其实并没有选择的余地,所以在这件事情上他也就没有自由。但是艾丽丝老师是相对自由的,因为她可以从5种色彩中选择自己最喜欢的颜色。

查理的实验也非常有意思。他让三个人站到黑板前面。这三个人是艾丽丝老师、努克斯(一个大家普遍认为缺少主见的男孩)和帕尔(班上成绩最差的学生之一)。然后,他又把其余同学分成三组。他对第一组说:"我将让你们解答一道有相当难度的题目,不过你们现在可以从黑板前的三个人当中选择一个人帮助你们解答题目。解答正确的话,奖励你们一袋巧克力。"第一组的同学毫不犹豫地选择了艾丽丝老师。接着,查理对第二组说:"我将让你们解答同样的题目。你们不要因为艾丽丝老师在第一组就抱怨不公平,因为我已经提前将题目交给了帕尔,而且还附上了标准答案。"在第一组同学的嘘声当中,第二组一致选择了帕尔。最后,查理对第三组说:"现在轮到你们了。不过,我首先要坦白的是,我刚才跟第二组说了谎,题目和答案我并没有交给帕尔,而是交给了努克斯。"在一片笑声中,帕尔张开双手,他的手里的确什么也没有,同时努克斯让大家看到他的手上有一张纸,上面是一道题目和标准答案。当然,这时让三组同时做这道题目,最快也是最准确解答这道题目的当然是第三小组了。

在第三小组的同学分享巧克力的时候,查理解释道:"这个实验叫'没有真相就没有自由'。第一组和第二组虽然都有一定的选择自由,但是他们不知道事情的全部真相,因此他们就不可能有真正自由的选择。如果他们知道了真相,他们的选择就会不同。"

安德鲁的实验也很特别。他带来了他的宠物——小仓鼠。他首先在桌子上放了一丁点奶酪和一点面包屑。他在奶酪上覆盖了一块玻璃而面包上没有覆盖任何东西。或许奶酪更香一点,仓鼠首先跑向奶酪,但是鼻子在玻璃上撞了几次都未能吃到奶酪,它只好转而去吃面包。这样的实验安德鲁重复了几次,每次仓鼠总是在尝试吃奶酪失败后转向面包。最后,安德鲁在桌子上放了一小块奶酪和一小块面包,但两样东西上都没有覆盖任何东西。仓鼠这一回没有再试着吃奶酪,而是直接去吃面包。安德鲁解释说:"这个实验叫'自由的限度'。这个限度有时能看到,有时看不到,因为它在我们心里。仓鼠后来不去碰奶酪,是因为它的心里已经有了这个限度。"

我相信,这些小学生对"自由"的认识,比一些成年人还要深刻。

阿　　蒙

这是他的小名。这名字起得实在好,出生在内蒙古,按常人的起名法,该叫蒙生什么的,那就俗了:叫阿蒙,显得又别致又文雅。三国时,鲁肃夸奖吕蒙说:"非复昔日吴下阿蒙。"至今"吴下阿蒙"仍当成语用。

他是我的邻居。我们这是个大院子,他家住外院西房。他似乎没工作,也不上学,常在院里走来走去,因此我进进出出总能碰见他起初他见了我从不理睬,后来熟悉了,我们便成了朋友,成了同志。

同志这称呼,近年来不大时兴了,自从结识了阿蒙,我方发觉,同志毕竟比朋友要深一层。朋友只是说关系融洽,同志却有道义相砥的含义。

他是可爱的~平日在街上见了剃光头的人,看着总不那么顺眼,阿蒙也是光头,却怎么看怎么顺眼。这或许是他脑袋的形状好吧,像我就不好。我的眼睛小,常感到这是人生的一大不幸,自从认识了阿蒙,陡然增添了许多的自信——他的眼睛也不大,却特别有神。于此可知,眼睛不在大小,而在有没有神。与其大而不当,倒不如小而有神。

我所以称他为同志,主要还是敬重他的性情和人品。他说话做事,既不媚上,也不骄下,一切本其自然。我比他大得多,他见了我,有时叫个什么,有时理也不理,叫或不理,全看他当时的心情。

"阿蒙,去我家吧。"我主动邀请他。

他看我一眼,连句话也不说,只顾做自己的事。遇上这种情况,我也不见怪。人活在世上,固然应当成全别人,可自己不情愿的时候,勉强去做,你说这叫高尚叫修养,不也戕害了自己的天性?

和阿蒙相比,在这一点上,我自愧弗如。见了官高位显的人,每每会说些言不由衷的奉承话,啊,你真是领导有方呀。实际自家心里清楚,他昏聩颠顶,领导得一塌糊涂;见了年龄大的人,又会说您老真是越活越年轻呀,实际是他明明日显衰老。见人说人话,见鬼说鬼话,全无人格可言!

"阿蒙,来我家吧。"我又发出邀请。

这回他高兴,欢欢喜喜地来了。邻居来家,不敢怠慢,我拿出苹果招待。

"吃吧!"

他毫不客气,抓起就吃。临走时还拿了一个。多纯真,多爽快,感动得我想哭!回想起自己去朋友家是啥德行,明明自己喜欢吃的东西,人家又那样热情,偏要扭扭捏捏,推推诿诿。万一那边以为你真的不吃,不再相让,过后又暗自骂人家小气。这叫修养?否,该叫虚伪、恶劣、卑鄙才对。

阿蒙是我的一面镜子,照出了我人性中的种种卑劣。他是我最好的同志,我要跟他道义相砥,克服自己的种种虚伪。争取像他一样的纯真,一样的高尚。

能做到吗?连我自己都怀疑。

阿蒙今年两岁。据他妈妈说,准确年龄是两岁零四个月。

安静的力量

从23岁大学毕业开始工作到现在，一切都匆匆忙忙，我好像每天都在赶时间。

毕业时候想要学的有很多，语言、跆拳道、马术、画画等，每天看到别人什么都会什么都好，自己也着急忙慌地想要去学，结果几乎都很不乐观，甚至刚刚开始就折了，连半途而废都算不上。比如"三个月搞定英语口语""半年学会弹钢琴""一年减肥15斤"之类的，通通变成了折翼的天使，飞到了看不见的地方。

在物欲横流的社会里，越来越少的人愿意坚持去做些什么，总是不断给自己的人生设定Deadline，让自己像一个机器人一样生活。学习和进步这种事，从来都是要靠脑子和心灵一点一滴地去体会，新鲜事物才能不断浸润到生命里。心里带着倒计时生活，却不知道从何下手，怎么能看到世界的万千变化？

最近友人来北京开始新生活，找到新工作之后心理压力却陡然变大，想到来北京工作的目的很大程度上是为了两年后出国留学，赚钱赚资历，心里便更加着急起来。担心两年赚不到足够的钱，担心两年不足以让自己很牛逼，担心自己未来的那个梦想实现不了，于是经常上班对着电脑屏幕流眼泪。

那个时候我也替她着急，帮她分析该做点什么才能赚到钱，才能让自己的简历变得漂亮起来。我们在小小的咖啡厅里急促地思考，结果只是："你年底前要×××，你明年要××××……"说完这些，我自己的心都累了。

前几天友人突然发短信给我，说想明白了自己的问题在哪里。其实自己现在的努力应该是为了自己长远的进步与成长。留学只是帮助自己成长的一站地，不应该成为一个目的地，这样想来，压力顿时减轻了很多，再也不会为能不能在某个时间之前赚到多少钱和资历而着急担忧了。生活，突然开始明媚而更有动力，更加着眼于当下一点一滴，享受每一天的乐趣，进步与成长也便油然而生。

"慢慢来，比较快"，这是《我的书》的导演最常说的一句话，总会作为他给我邮件的结尾句。他是一个静谧的摩羯，喜欢在幽静的品茶中慢慢找寻灵感，这大概是属于中国台湾男人的浪漫情怀。

导演每次来北京找我，都要左等右等，然后才能看到我在飞过来，奔过去，一副在时间里极速穿梭的样子。导演是个慢性子，据说40岁的他，从北影硕士毕业后只有两部作品，而上一部电影拍了整整五年。那是一个原本谁都不看好的剧本，从最开始的积极合伙，到五年中所有的制片、合伙人、朋友、投资都慢慢撤出，谁都不再支持他，谁都在劝他放弃吧，他甚至到了做家教来补贴生活的地步。五年之后的一个夜晚，昔日的朋友们接到电话，这部电影不仅被拍了出来，而且在那天晚上获了大奖。

每次有人问我为什么不签一个有名的导演？或许是因为，当我听到这个故事，每次看到导演在幽静的茶厅等我飞奔而来时候的安静，我相信，安静也是一种力量。那是一种让自己的内心沉浸在事情本身的点滴进步，让做事本身变得专注而纯粹，是急功近利的我们，内心最为缺乏的修养。

做一朵不会奔跑的花

在学校的食堂里,看到一个女孩,打好了饭,然后排队去领取免费的米粥。不长的队伍,她还没有移动到打饭的窗口,盘中的菜,便已经所剩无几。彼时,周围的人,正坐在餐桌前,边看着电视里的娱乐八卦,边跟对面的同学,评点明星们的服饰与妆容。一顿饭,在阳光温暖的窗边,可以散散漫漫地吃上一个小时。青春的影子,与银杏干净的叶子一起,映在明亮的窗户上,温柔交织,犹如一行行唯美的诗句,在阳光里绿意葱茏。

可是这个女孩子,却是站着,在几分钟的时间里,便将一份饭菜,吞进肚中。我猜想她的齿间,定没有留下多少味道,我排在她的后面,注意到她盘中是一份碧绿的油菜,还有莹白的米饭;那青菜的浅香,米饭的芬芳,几乎没有经过细细地咀嚼,便被她囫囵吞枣地吃掉了。那样本该用来细嚼慢咽的餐饭,因为她的匆忙,与她不过是匆匆在齿间的相遇,便了无踪影。

而那碗免费的汤,她刚刚接到手中,便一路走着,一路喝了下去。我扭头看着她端着空掉的盘子与碗,连在饭桌前休息片刻的时间都没有,便径直送到了门口的碗盘回收处,突然便觉得有些难过,为她这样地看重自己,忙碌到连一顿安享美食的时间,都不给。她不过是一个还在读书的学生,正握着大把最美的时光,可是她却将这样好的年华辜负掉,任自己变成那上紧的发条,一刻不停地,在人群中高速地运转下去,直到某一天,她一转身,看见那些散落斑驳的时光,竟是了无青春的绚丽颜色。

又想起一个同样将自己当作世界上最忙碌的那个链条,高速运转的朋友。他自诩创下的纪录,是为了赶一个策划,三天三夜没有睡觉。他的房子,在很高档的一个小区里,周围有设施完备的健身房,有优雅的咖啡馆，有安静的酒吧，还有可以席地而坐的书店。可是他天天路过，却从来都没有时间，进去坐上片刻，随意翻一本杂志，或者品一杯绿茶，喝一杯咖啡。有一次我去看他，不过是短短的一个小时，他起身接了5个电话，不停歇地讨论需要新做的广告，我点好的一份可口的意大利甜点，他甚至都不曾细心看上一眼，更不必说，品尝那种入口即化的美妙的滋味。

熟人中流传着他忙碌到出神入化境界的一件轶事。说有一日他在办公室里熬夜赶设计，风突然间将门吹开，他以为是某个同事无事造访，便头也没抬，请风坐下。等他在风口里坐了半个小时之后，才感觉到寒冷，而后照例不抬头，对一旁空空的椅子道：麻烦你将门关一下好吗？可惜，风听不见他的言语，照例是呼呼地灌进来。他终于在一声声喷嚏里，抬起头来，看看空着的椅子和大敞着的门，叹一口气，说：真没有礼貌，来去不打招呼，还连门都不记得关上。

所以等到后来多次同学聚会，他一次都没有去，我们皆不觉得惊讶，倒是偶尔在某个场合，碰到了他，右手握着发烫的手机谈论着某个项目，左手朝你伸过来，脸上带着来不及调整的表情，那时候我们总是像遇到了珍稀动物般，向他尖叫，不管他能否腾得出口来，与我们说一声"你好"。或者，用一只忘记了温度的大手，拍拍我们的肩头。

而像他这样的人，我在有风景的街心花园里，在植满悬铃木的马路边，在有雪花飞舞的冬日街头，在有月光温柔流溢的夜晚，常常都会与他们不期而遇。他们从来都不会留意到我，不知道我站在温暖的阳光下，或者迷人的月光里，有怎样静寂的一颗心。他们只是低头行走，行走，并将自己认定为这个世界上最重要的那个链条，似乎一旦停下，便会让世间所有的事情，都瞬间瘫痪无法运转。

可是我们行走在这个世间，其实是多么的卑微，当我们走过，不过就是一阵可以忽略不计的风，行过某个繁忙的街头，那被我们掀起的树叶或者尘埃，只是片刻，便回复到昔日的模样。

所以不如做一朵花吧，没有脚，不必奔跑，可是，那样静谧的美好，哪怕只有片刻，也值得生命为之停留。

做一滴揉不烂的水银

江伟是我家新搬来的邻居,嘴很甜,特能哄人开心。也正是因为这点,妻子才心甘情愿地让他时不时来蹭饭。汪伟不仅嘴甜,而且特别健谈,和他在一起聊天简直就是一种享受。时间长了,我们和他也渐渐熟悉起来,才慢慢知道了他一些事情。他出生在北方一个偏远的小镇上,上过半年大学就退学了,又不甘心在那小镇子上蹉跎岁月,于是还不满20岁的他便来到了我们这座城市打工。

能说会道的汪伟很快就在城里找到了一份卖陶瓷的活。每天从早上7点干到晚上8点,中午休息15分钟用来吃饭。整整一天时间,也只有这15分钟才能坐下,其余的时间都必须不停地站着为顾客介绍产品,搬运货物。

来蹭饭的时候,他也时常说起陶瓷店里的事情。他说老板让他实习一个月,在这一个月里是一分钱也不给的,连饭钱也要自己拿。不过,说起实习完后一个月800块的工资,他就兴奋得不得了,像个孩子一样手舞足蹈。区区几百块,还不够我两个月的烟钱,看着他心满意足的样子,我心里有些隐隐发酸。

那段时间公司经常加班,一天晚上到9点多才下班。经过夜市的时候,我的目光忽然被路边的一个小摊吸引住了。我收住急匆匆的脚步,在不远处看着汪伟和一个外国人在费劲地比画着什么。两人像是在杀价,又像是在争吵,过了半天,老外才捧着一个砂壶一样的东西乐呵呵地离开了汪伟的摊子。"我看你是掉进钱眼儿里了,累了一天晚上还出什么摊啊!"我走过去,看着他日渐瘦削的脸庞,有些心疼地说道。"嘿嘿,这老外还想和我杀价,还不是乖乖地把钱留下了!"他抬头看看我,异常兴奋地说道。我心里觉得好笑,看过想钱想疯了的,可这么赚钱不要命的,我还真是第一次碰上。

不知道他从哪里折腾出一些古玩旧货来,在夜市里卖得还不错,再来蹭饭的时候,他就经常买点酒菜过来。妻子偶尔说自己喜欢吃香蕉,从那之后,我们家的香蕉就没断过。本来以为精明的汪伟会很快在城里站住脚跟,可没想到不久之后他的工作就丢了。实习的最后一天,陶瓷店的老板找了个小小的借口,然后把他给撵出了陶瓷店。汪伟后来告诉我,店里和他关系不错的员工在私下里偷偷告诉他,这是老板惯用的伎俩,先和打工的傻小子们谈好条件,试用期满的时候再找个借口让人离开,这样不仅可以得到一个月的劳力,而且还一分钱都不用花。来应聘工作的都是没什么背景的打工仔,吃了亏也不敢说什么,只能自认倒霉。

那段时间汪伟的情绪很不好,夜市的摊子也很少出了。我总想找机会安慰他几句,可每次话到嘴边又咽了下去。本来以为灰心丧气的他会离开这里,没想到几天之后他又笑容满面地四处找工作了。每天穿着运动鞋,拿着一张地图,在钢筋水泥的城市里穿梭奔波着。

在这期间,他换过不少工作,推销电话卡、发传单、跟车送货、在饭店里跑堂送菜,折腾了一年多。虽然不断地失业,但很少看见他沮丧过。不久之后,他找到了一份卖保险的工作,每天西装革履的四处奔波着。

突然有一天,汪伟兴冲冲地跑过来,手里还拎着一瓶好酒。妻子调侃他:"呦,中彩票了还是找到女朋友了,这么高兴?"他憨憨地笑着,像只可爱的布袋熊。在饭桌上,他告诉我们,今天下午他和一个老乡一起去见了一个客户。对方答应要买一份数额不小的保单,光佣金就有5万。"哥,5万呐!我和他一人一半,嘿嘿。"那一晚,他喋喋不休地说着,指着远处灯火辉煌的市中心说他一定要在那里拥有他的事业他的家……

第2天一大早,公司就派我到外地出差,一走就是半个多月。刚回到家,妻子就告诉我,汪伟差点没死了。原来,那晚汪伟和我喝酒的时候,他那个老乡又偷偷跑回客户那里,签下了那份合同,独吞了那笔佣金。老乡是汪伟从小长大的朋友,他的心情可想而知。

我去隔壁看他,敲了半天都没人开门。我走到楼下,汪伟正微笑着打着电话:"好了,没事儿。我现在工作挺顺心的,您就放心吧。"他挂断电话,却疯了一样用脚拼命踢身旁的垃圾箱。过了半天他才平静下来,抬起头正遇上我的目光。"哥,你回来了——家里的电话,老爸老妈有些担心,呵呵。"他努力地笑着,眼圈微微有些发红。我带着他找到一家大排档,默默地喝起酒来。不记得那一晚是谁先开口说的话,只记得大多数时间里都是他在说我在听。他说小时候和那个老乡怎么一起在河里摸鱼,怎么在一起逃课,好得跟亲哥俩似的……

天空已经下起了小雨,我第一次看见他流泪,孩子一样痛哭失声。

喝完酒往回走的时候,他突然停了下来。"哥,身上带钱了吗?先借我一点儿。"我翻了翻兜,掏出零零散散的票子递了过去。他接过钱,又从身上翻出一些钱,向不远处的一个年轻女孩儿走了过去。那个女孩儿大概有十七八岁,从我们喝酒开始,她就一直坐在一个旅馆旁边,衣着单薄的她在冷风中不停地瑟瑟发抖。汪伟走到女孩儿身边俯下身轻声和她交谈了几句,直接拍拍她的肩,跑回来的时候已经是面带微笑。"你认识?"我好奇地问。"不认识,一看就是刚刚来打工的,看样子是没钱了。我把钱给她,告诉她无论如何,都要坚持住,好好活下来。"说这话的时候,他很平静,我却分明从他眼中看到了一些不寻常的东西。

汪伟离开了保险公司,不再继续找工作了,而是倒腾起旧杂志来,每天起早贪黑地忙起来,整天也见不到影子。我和妻子搬家离开的时候,我们去汪伟的屋子里看他,刚一进门就吓了一大跳!地板上点点滴滴的血迹已经凝固,汪伟头上简单地缠着胶布,半边脸已经红肿起来,正用手艰难地给腿上的伤口擦药。

"这是怎么了?"我连忙跑过去,扶起坐在地板上的他。"谁把你打成这样?"他苦笑着摇了摇头,他告诉我,他卖旧杂志影响了许多书贩的财路,对方雇人把他的摊子砸了。"那你以后还卖旧杂志吗?"卖,当然卖!他们打我不正说明这行赚钱吗?他说着,笑了,露出残破的牙齿。"哥,有时候我就想,我这人就像一滴水银似的,它最大的特点就是无论落在哪里,摔成多少颗粒,都能迅速汇合起来。你可以摧毁它,但永远不能让它屈服!"说着,他转身望着我。"我父亲病了很多年,这些年全是靠着母亲拼命打工才供我考上了大学。可后来我才知道母亲患上了糖尿病,随时都可能有并发症。我已经榨取了他们太多太多,不能再自私地只为自己活着了……"一个人压抑得久了，会在短短的瞬间爆发出来。那一刻，面对这个大男孩，我突然有些羞愧。

第二天，我们搬家的时候，他又开始四处奔波了。走的时候，我悄悄在他门下塞了一个信封，里面装着1000块钱。钱不多，但我知道对他却非常重要。起码，他能感到这个陌生的城市里少许的温暖。

人生大舞台，不停有人出场，有人谢幕，匆匆忙忙，看得人眼花缭乱。有些人你以为快将他遗忘了，他又会悄悄浮出记忆的水面。四年后的一天，我忽然收到了一个请柬和一张存折。请柬是汪伟发来的，落款是市中心一个装饰城，存折是给我和妻子的。按照请柬上的地址找到那里的时候，看见汪伟正微笑着在装饰城前和人说着什么。

当看到我们的刹那，他的脸上顿时露出孩子一样灿烂的笑容，张开双臂将我紧紧拥抱。那一天，他领着我们参观了他的装饰城，观赏了他市区里的房子，还有他那漂亮的妻子。

那一天，是我们相识以来喝酒喝得最痛快的一次。对过去的苦难他一句也没有提过，好像早已经忘记了。但我却无法忘记，那个穿着T恤，汗水湿透衣背，在陌生城市里跌跌撞撞的大男孩儿……

从他那里走出来之后，妻子有些感慨地说道："真不知道他是靠着什么力量撑过来的？"我的耳边响起了江伟的声音："我就是一滴水银，摔不碎，揉不烂，永远都不会自己放弃！"

天空飘起了淡淡的雪花，洗去了生活表面的种种屈辱与艰辛，留下的是一个个璀璨鲜活的生命。

种下一株小桃树

乡间的风像自由的翅膀，让人不由得想迎风而飞。大平原无边无际地开阔辽远着，麦田涌动着绿波，绵延而去。

祖母盯着绿油油的麦田说：打猪草的时候，会遇上一棵小桃树，那可不是普通的小桃树，那是天上的仙桃，落下了一颗桃核，在人间生根发芽，长了出来，带着仙气。越是勤快的孩子，越可能遇上。遇到的人，是世上最有福气的人。

我对祖母的话，深信不疑。

绿色涌动的原野，蝴蝶和鸟儿翩然飞过。有风滑过脸颊，像一片温柔的鸟羽，光滑凉爽。每天傍晚，我背起竹筐，约上同伴，在风中的田野上左跑着。满地的野草嫩生生的，马齿苋、灰灰菜……还有狗尾巴草，毛茸茸的招摇着。打猪草的时候，我不再追蝴蝶，逮蚂蚱。我有我的使命，我专注地打猪草。我一遍一遍翻着草。我知道，冥冥中，有一颗小桃树，会在某一个角落里等我。它是那样的神奇。可是，它在哪里呢？

打了两年的猪草，依然没有祖母说的奇遇。祖母说，不能心急，慢慢等啊，只要你勤快，一定能遇上。

等啊，盼啊，我长高了，野草也在一个劲倔强地生长着。小桃树的诱惑，始终在心里，不曾淡忘。

那天黄昏，光线开始模糊。暮色像大鸟的翅膀，低垂了下来。我的手上早已沾满绿色的草渍。竹筐里的草被我塞得满满的，我还不肯回家。忽然，小桃树！小桃树在我眼前一晃，惊鸿一瞥，又淹没在无边的麦田里。我赶紧翻开丛丛的麦子和杂草，翻找了起来，生怕它一下子逃了。翻了几下，真的找到了！

它就那么窈窕地舞在麦田里，不慌不忙。它并不知道我的苦心孤诣，就那么心平气和地舞着，柔嫩的小叶子笑吟吟的。这个小小的绿色仙子，在夕露的润泽中，颜色愈发青葱。小桃树摇摆着柔枝，呼吸着四野里畅快的风。

在朦胧的天光下，我的心，像一只飘飞的风筝，高高的飞着，有着无边的喜悦和满足。我出神地看着，想象着。有一天小桃树会开花，会结果。它的花，不是庸常的桃花；它的果，不是庸常的桃子。它是喝过仙露琼浆的，是上天赐予人间的，赐予我的。因为，我是一个勤奋、坚持的孩子。

我忘记了天擦黑了，直到祖母的呼唤声传来。我一扭头，看到祖母颤着小脚走在田间的小路上。祖母大声喊我的名字，充满慈爱。我赶紧示意祖母小声点，生怕惊动了小桃树。

回到家，祖母把小桃树栽种在小院里。祖母说，是我的勤快感动了小桃树，对我来说，小桃树，真的是一个美丽的奇迹。

很多年过去了，祖母早已离开我，去了另一个世界。虽然小桃树最终没能开花结果，却在我心中深深扎下了根。乐观的祖母，在我幼小的心灵，种下了一颗永远舞蹈的小桃树。

年年岁岁，任凭世事起落，只要憧憬还在，便会与奇迹相遇；生活的原野，便会有生生不息的希望。

钟点工是奥运冠军

因为丈夫工作的原因，琼斯太太带着三个孩子从其他国家来到哥伦比亚的波哥大生活，刚到陌生的社区，琼斯太太格外的不熟悉，新房间需要打扫，她按照电视里提供的电话，请了一个钟点工上门服务。

这是一个年纪不大的女孩，20岁左右，像极了自己在美国求学的大女儿，脸也都是青春最美的笑容，浅浅的，微微的，明媚如春风，非常的阳光。

"早上好，琼斯太太，我是钟点工帕约。"女孩伸出手。

琼斯太太给以最真诚的笑容，接下来，便是介绍需要整理的事情，三个孩子都不大，需要照顾，琼斯太太实在是忙不过来，介绍完工作，便给孩子煮牛奶去了。隔壁的房间里，传来轻快的歌声，帕约像只欢快的鸟儿，动作娴熟地整理房间，打扫卫生，一边唱着歌曲。

忙碌一个上午，家里总算干净顺畅了，琼斯太太支付了费用，帕约骑着小轮车，唱着歌儿走了。

真是个让人舒服的工人，一想到这里，琼斯太太烦躁的心情，平静了许多。

一周之后，琼斯太太又打电话给服务公司，需要保洁人员上门服务，电话快挂断的瞬间，她想到了帕约，她低声请求："能不能让帕约过来？"当对方答应了她的时候，琼斯太太甚至有些莫名的小开心。

帕约又来了，还是骑着那辆小轮车，"早上好，琼斯太太，这是我摘的鲜花，送给您。"

花真的很香呢，太阳照在花上，露珠保持着清早的味道，刚刚还在因为孩子哭闹烦恼的琼斯太太，瞬间就笑了起来，真是不错的一天。

像只小鸟的帕约,一边工作,一边又轻唱那些美妙的歌声。听着听着,琼斯太太也跟着哼了起来。

半年的时间里,琼斯太太跟帕约成了好朋友,有时候打扫完房间,还会一起聊天,也会一起逛街,琼斯太太才知道,帕约真的很努力,父母离婚后,留下一些债务,年轻的帕约勇敢承担起来,并未因此而愁苦,她积极阳光,努力工作,努力生活。帕约还是个不错的园丁,修得很好的园艺,对了,年轻的她,也一样爱好时尚,最喜欢就是骑小轮车,不仅骑得快,还会好多的花式表演。

有一天早晨,琼斯太太正在陪孩子玩玩具,门铃响起,打开门,是帕约,琼斯太太有些奇怪,今天没有叫钟点工啊。

"琼斯太太,谢谢您给我工作,接下来的半个月里,我要去伦敦,将会由我的同事为您服务,希望可以令您满意。"

其实,琼斯太太还是不太愿意换其他人,她跟帕约成了好朋友,很喜欢这个年轻阳光的女孩,但对方有事要离开,自己也不能强求,好在只有十多天。她祝福帕约旅途愉快后,特别又讲了一句:"你从伦敦回来之后,可以继续帮助我吗?"帕约答应了。

半个月很快就过去,帕约回来了,还送给琼斯太太一些伦敦奥运会的吉祥物,她想,也许帕约是去看奥运会了。这不重要,重要的是,帕约回来了,她又可以和帕约一起带着孩子去公园游玩。

有一天晚上,琼斯太太跟丈夫看电视,新闻介绍说哥伦比亚在伦敦奥运会上取得一枚金牌,冠军得主叫帕约,获胜项目是小轮车。看到这里,琼斯太太简直不敢相信,难道一直为自己服务的"钟点工"帕约,就是那个为哥伦比亚取得唯一一枚金牌的英雄帕约?

第二天,她立即打电话给公司,要帕约来服务,当帕约骑着小轮车来到门口的时候,琼斯太太仔细打量对方,回忆电视里的画面,没有错,这就是那个冠军帕约。

"上帝啊,帕约,你是哥伦比亚的骄傲,怎么还会做钟点工?神会怪我把一个英雄当作保洁人员的,天,我居然还让你帮我洗尿布!"琼斯太太都快要疯了,语无伦次拥抱着帕约。

"琼斯太太,钟点工是我的工作,小轮车是我的爱好,仅此而已,拿不拿冠军，我都需要生活的，还得感谢您一直给我工作呢。"看起来，帕约完全不像是一个奥运冠军，平静得就像一个钟点工。

接下来的日子，帕约仍旧为琼斯太太做保洁，每一次，欢快骑着小轮车来，也一定在歌声中欢快离去。

好几次，琼斯太太把帕约得奖的视频找出来观看，边看边想，这是怎样一种心态呢？一个人成了奥运冠军，仍能心平气和地兼职，没有忘记自己的本职，这样淡泊的心态，就是最好的、最值得赞赏的心态。想到这里，琼斯太太再次觉得帕约又拿了一枚金牌——生活的冠军。

欲望之路难回头

那年夏天,连降七天暴雨,村头一条原本清澈见底的小河水位暴涨,一夜之间十几米宽的河面漫延成一片汪洋。

雨住了。几天后,水位渐退。人们发现河道改了,河水一分为二,中间形成一座孤岛。岛上几万棵水桶粗细的树木不见了,裸露的土上满目疮痍。

"桑田沧海",洪水的威力之大,不是亲眼所见,很难想象。河岸上,村人议论纷纷。渐渐地,人们谈论的话题,由感叹洪水无情,转移到岛上那些散落着的物品。

"现在过去肯定能捡到好东西。"有人说。可是望着浊浪翻滚的河水,现在过去,无疑是拿生命冒险。"是啊,等到水退去,就轮不到你捡喽!"有人感叹。

言者无心,听者有意。一个年轻人心动了,他仗着水性好,不顾人们的劝阻,三两下脱掉衣裤,跳进水里。

河水滚滚,泛着浑黄的泡沫,拍打着河岸。年轻人矫健的身影随着波浪起伏,一袋烟的工夫,游了过去。

在人们羡慕的注视中,年轻人开始寻找中意的物品。

锅碗瓢盆、桌椅板凳不值钱,电视机怕是泡坏了,搬个煤气罐不划算,他会选什么呢?人们站在高高的岸上猜想。最后,他寻到一辆自行车搬到河边,又找到几块木板和一根尼龙绳。他把绳索的一端绑在腰上,用另一端把自行车牢牢捆在木板上。然后他将木筏放进水中,开始往回游。

这次由于身后拖着木筏阻力大增,他游得很吃力。一个接一个的浪头拍打着他的脸,突然一个大浪涌来,人被拍在水下。在人们的惊呼声中,他奇迹般地又浮了上来。

"不要命了？扔了吧。"有人回过神来喊道："快扔掉！""游回去！"人们纷纷跟着喊。

不知是听不到，还是顾不上，他继续吃力地游着。

又一个大浪涌过来，他再一次沉入水底。这一次人们没有惊呼，全都屏住呼吸，盯着水面，期待他再一次露出水面。然而，奇迹没有再次发生。

为了一辆自行车，值得吗？人们想不通。

而我看到的是，这个年轻人在欲望之路上走得如此决绝——自从把绳索绑在腰间的那一刻起，他就没有想过要回头。

还有一个年轻人，是某银行的会计。他原本有个和睦的家庭：父母健在，老婆漂亮，儿子可爱。但是，一念之差，让他走上了歧途。

工作中，他发现客户在办理业务时，那些几厘的零头根本无法兑现。这些钱其实不属于银行，客户也不会计较。别小看这些小小的零头，由于办理业务的人多，长期下来，也是一笔不小的"收入"。想到这儿，他心痒难抑。

于是，他设计了一个软件，每当有客户取汇款或者卡折销户时，这些无法兑现的"零头"就会自动转入一个账户。

开始他还饶有兴致地察看这个账户。时间长了，他渐渐地把此事淡忘了。几年后的一天，他偶然想起此事，再察看时，账户的存款让他大吃一惊。

他开始寝食难安，经过几天几夜的思想挣扎。他最终选择了自首。

虽然他没有动用这笔钱，且有自首情节，但是由于涉案金额巨大，最后，他被判两年有期徒刑。工作自然丢了，老婆也离他而去。家中剩下年迈的父母和幼小的孩子孤苦度日。

还好，在欲望之路上，他及早地回头了，否则，等待他的将是更严厉的惩罚。

可是，人生有回头这路吗？

与猛禽为邻

身体强壮的母雪雁和头脑聪慧的母黑雁,每年夏天都要飞往北极产卵。它们有一个共同的敌人——北极狐,狡猾的北极狐喜欢以新鲜的雁蛋做早餐,而一只母雁一年仅可以产5颗珍贵的雁蛋。

雪雁体型庞大、群居生活,"嘎嘎嘎",它们通常依靠强大的群体力量,击退北极狐的进攻。可是,北极狐并未被雁群的气势所吓倒,它的优势很明显,行动迅速、身手敏捷。它总会有办法,千方百计将成年雁赶出巢穴。最终,热乎乎、圆滚滚的雁蛋还是被北极狐吃到嘴里。回望雪雁夫妇伸长脖颈,围着残损的巢穴哀号,北极狐一脸坏笑,撒腿点蹄扬长而去。

看来,仅仅倚仗强壮,还是不能摆脱被天敌侵袭的命运。那么,头脑聪慧的黑雁是否可以在这场战争中胜出呢?

黑雁比雪雁身型稍小,通常离群索居。夏天的北极,绿意融融,母黑雁卧在茂密的草丛中,不时掸掸羽毛,伸伸头颈,转动着机警的黑眼睛。北极狐巡行在广袤的原野上,这家伙换上了棕色的夏装,看上去格外矫健潇洒。母黑雁的"避身法"可难不住它,北极狐的嗅觉会嗅到几千米外的食物。

这天,母黑雁正独自待在巢穴里,它的伴侣到外面觅食去了。想到将会有新鲜的雁蛋吃,北极狐开心地甩了甩骄傲的尾巴,一步一步向母黑雁逼近。正在这千钧一发的时刻,随着一声尖利的嘶鸣,一只雄雪鸮从天而降,展爪掠向北极狐的眼睛。如果不是躲闪及时,北极狐早就成了独眼狐,它只得飞速逃离,再也不敢试图在周围觅食……

原来,聪慧的母黑雁是"择邻而居",它把家建在猛禽雪鸮的巢穴附近。雪鸮要保护自己的孩子，所以它决不允许北极狐靠近它们的巢穴。当北极狐来袭时，母黑雁只需坐观其变，让邻居负担起抵御入侵者的重任即可。

"知人者智，自知者明。"遇到强大自己多倍的对手，与其无效反抗，不如借力使力，达到保护自己的目的。

时间的主宰

秒针、分针、时针,日月旋转、嘀嗒不止,记录了昼夜交替、四季轮回,更见证着时世变迁、物是人非。时间,就这样永不回头地悄然滑过,似乎无从察觉,但却依存载体留刻下过往的印痕,亦可触摸,充满质感。

伐木而剩的树桩,抚去细细的木屑,一圈圈年轮赫然显现,那便是时间在树体内刻下的轨迹。循着那微凸的同心圆追溯,恍然遥想:某年某月某日,某人植下一棵树苗,或风吹落一粒树籽;阳光雨露润泽、泥土泉水给养,叶荣叶衰、花开花落,一株大树在充足的时间里长成栋梁。树杈上的鸟巢繁衍了几代雏鸟,树荫下的石凳送走了几批行者,无从知晓,只知此时我在树桩下听无家的鸟儿盘旋哀鸣;等新芽冒出,树桩又将在时间里重生。树与时间的交集,形成了可触摸的年轮,细密而圆满。

我尤其钟爱独自到古城、古街、古村落中游走,融入其间,心静且净、目明且敏、步漫且慢,倏地迷了时间,思绪在古与今、前朝与今世间飘忽穿越。那古典的亭台楼榭、长苔的青石板路、空落的桌椅床几、仍在的花树石池,不知演绎过多少悲欢离合、世事沧桑,写满故事、气息犹存。"雕栏玉砌应犹在,只是朱颜改""人面不知何处去,桃花依旧笑春风",昔日繁华、人影不再,独留空寂、遐思无限,上下千年一梦长。之于时间,生命真谓短暂一瞬。建筑与时间的擦肩,形成了可触摸的古建筑,厚重且永恒。

旧物,作为人生长剧的道具,一直牵引着热爱生活者的心性与情感。掸去岁月的风尘,百宝箱如老电影般呈现出往事一幕幕。那封折皱的情书,还留有恋爱时满眶热泪的余温;那本发黄的课本,还闪烁着黑夜捧读时相伴的灯光;那台旧式的录音机,还回响着青春舞曲、心情旋律的余音；那沓破损的票根，还浸有辗转各地、求学打拼的汗渍；那把锃亮的铁锅，还弥漫着我这小家油盐酱醋茶的滋味……其间融注了生活的点点滴滴，让时间具象，饶有感觉。物件与时间的积淀，形成了可触摸的旧物，亲切亦浓情。

人与人，从相识到相知，成为朋友；日久见人心，时间是最好的检验。有福能同享，有难是否能同当；小事能共度，大事是否能共担；时间说了算。昔日好友，面对权、利、钱、难，襟怀坦荡、心底无私那便是真朋友，否则终会走散。他与她，从相遇到相守，成为夫妻；能否执手偕老，需要时间的磨合。激情没了，感情是否变淡；琐碎来了，情感是否游离；时间说了算。白开水的日子，共患难的考验，不离不弃、牵手一生那才是真夫妻，否则难到白头。人际与时间的融合，形成了可触摸的真情，地久伴天长。

老人若宝，源于时间在镀金。常与老人坐坐、聊聊，那风风雨雨的过往与体悟，经验也罢、教训也罢，都是宝贵的财富与给养，定会让自己的前路更有方向，让内心的积郁豁然开朗，受益匪浅。生命终将被时间打败，在时间里终结；从呱呱坠地的婴儿到生龙活虎的青年，从责任加身的中年到夕阳垂暮的老人，时间为人化了浓浓的妆。瞅着老人那深刻的皱纹、松弛的肌肤、佝偻的身形，如是看到了未来同样将受时间耗蚀的自己，不由心感凄然，对当下更多了份珍惜与感恩。人与时间的较量，形成了可触摸的老态，沧桑却闪光。

时间，在自然嬗变中、喧嚣尘世间、岁月更迭时，悄悄溜走，或急促或缓慢，或紧抓或浪费，它都可寻见。触摸时间，质感如何？怕只有我们自己才能体会真切。因为，我们永远是时间的主宰。

世界不按你的理想运转

一位很有权威的公司主管，将车停在了地下车库。但他那天没有立即下车，而是在车里休息了片刻。

突然，一个尖锐的声音响起。他睁开眼，看到他的一位部下，正在划他的车。地下车库光线很暗，车窗又贴了反光膜，对方看不到他。

他的惊讶大过于愤怒。

他一直静静地待在车里，直到部下做完这一切，吹着口哨离开。然后他下车，看到车子已成了"大花脸"。

显然，这位部下对他的心灵伤害，远远超过了对车子的伤害。因为，他曾经倚重他、提携他。而在地下车库，他这才发现，自己其实非常可怜，在公司里他可以决定一个人的去和留，非常权威，但他却不是一个成功者。

这是一个真实的网帖。

许多网友怂恿他马上"开"了那个部下；还有网友劝他，也许身居"庙堂"之上，不知自己过错，部下无从发泄，只拿你的车子出气，你应该感到庆幸。首先你人身还是安全的，其次你那么轻易地找出了一个"敌人"，而"敌人"本来隐藏得那么好。

事实上，这是好事。

这很像对梦境的解读。一个善良而读懂人心的解梦者，总是循循善诱、春风化雨。

参加一个婚礼，本来阳光普照，谁知到了酒宴开始时，又是刮风又是下雨。婚礼主持人说，上苍送来了雨水，滋润了大地，象征着你们的爱情滋滋润润，幸福绵长。

这是民间口口相传的"解读"。结果是,新人们既为阳光普照而幸运,也为阴雨绵绵而幸运。无论是晴还是雨,都是好事情。

人人需要这样的好心态。

因为这个世界还有许多事情是"不正常"的,远远不止"你坐在车里看到部下在划你的车子"这一件。英国作家毛姆就说过:"所谓正常其实是罕见的。"是的,正常是一种理想,但这个世界并不按照你的理想运转。

一个人聪明不聪明,无非有无"自知之明",无非是否善于解读这样那样的"不正常",然后调整自己,重新出发。

不忽视自己的价值

高中毕业后，我没有考上大学。因为复读费比较高，我便放弃了继续求学的想法，辗转到了南方去打工。一没学历二没技术的我，在一家小公司里当保安，主要工作就是上下班做个登记，晚上住公司。公司也就20几个人，除了我以外，个个都是大学毕业，我的工资只有他们的三分之一，但我很满足，也十分珍惜这份工作，勤勤恳恳地干着，和大家相处也很融洽。因为我的年龄小，工作也最清闲，所以，好多时候其他人都会让我干一些帮他们买饭、跑腿之类的活，我也正好没什么事，愿意为他们服务。

元旦的时候，公司搞联欢，经理说大家都要去，公司出一部分钱，每个人再掏100元。经理说我工资最低，也最小，特意强调我不用掏钱，但我没有同意，既然我是公司的一员，那就要和大家一样，交给了主管100元。联欢那天，经理也宣布了好消息，今年业绩好，给大家涨工资，大家都很开心，好多人都喝多了。散场的时候，清醒的搀着喝醉的，相互扶持回家，可最后还剩下六个躺在歌厅包厢里。我没有喝多很清醒，不能把他们丢下不管，便打车一个一个地把他们都送回了住的地方，光打车钱就花了100多元，虽然我很在乎这100多元，但还是比较心慰，毕竟我们都在一个公司，况且平时大家也都没有因为我是保安而瞧不起我。

又过了一年，公司为了生存发展，依附在了一家大公司旗下。可这样一来，就要接受这家大公司的管理模式，而我们面临的第一件事，就是裁员。被裁掉的人一共是12个，我是其中一个。其他人走的时候很奇怪，连声招呼都没有打，可能是心里很失落，毕竟丢了月薪五六千元的工作。我的工作虽然也丢了，但毕竟在这里待了两年多了，总觉得不声不响地走了有些不合适，便和大家去告别。我还特意去了经理的办公室，向经理辞行，虽然和经理没有多少接触，也不是公司主要人员，但我还是对经理说了"祝福公司越办越好，感谢经理这两年对我的照顾，有机会我请经理喝茶……"之类的话。看得出经理有些感激，毕竟刚走的那些人没一个和他打招呼的，甚至有人还和他吵了起来……

第二天，正当我准备去找工作的时候，接到了经理的电话。他问我什么时候请他喝茶，我正好没事，便约定晚上请他。晚上，当我到了约定地点时，经理已带着一个人坐在了那里，我认得他是上面公司派下来的主管。主管先说话了，对我说："小程，我来聘你去总部当保安。"我当时兴奋得有些手足无措。"小程，知道我为什么聘你吗？"我笑着摇头。"你们经理说聚会时，你和其他人掏一样的钱，最后还自己掏钱把几个人送回了家，况且我昨天亲眼看到了你到经理那辞行。小子，你没有因为卑微而小看自己，我喜欢你这样的人。"主管说。

那一刻，我犹如躺在幸福的花海里。从此我懂得，无论在哪里，无论在什么地方，不要因为你很卑微而小看自己。

再小的梦想也伟大

他的噩梦从三岁那年开始。

那天,母亲终于从亲友们"贵人行迟"的安慰声中省悟过来。抱着浑身瘫软的他坐上火车直奔省城的儿科医院。大夫无情的诊断打碎了母亲最后一丝希望:"重度脑瘫,这种情况目前尚无康复的前例。"

丈夫说:"把他送福利院吧,我们再生一个。"她不依,为此丈夫和她翻了脸,一纸离婚证,从此与她成了陌路。

为了照顾他的生活,并有足够时间带他看病,母亲辞去了工作,带他住进了福利院。好心的院长在福利院后勤部给她安排了份洗衣做饭的工作,让她得以边工作边照顾他。

八岁那年,他终于站了起来,但是四肢并不听从大脑的指挥,用"张牙舞爪"来形容他走路的样子,倒真有些生动形象……虽然走路的样子不雅观,但总算不用依靠别人的扶持了,母亲多少感到一丝欣慰。只是,他的情况太特殊,尽管早已过了上学的年龄,却没有一家学校愿意接收他。

母亲找来别人用过的小学课本,用有限的文化教他学习拼音和汉字。他歪着脸口齿不清地叫她:"老——师——",她看着他明亮的眼眸,笑成了一朵花,转过身,却飞速地用手背擦去眼角溢出来的泪花。

18岁那年,县残联推荐他和另外几位重度残疾人参加市残联举办的残疾人职业技能培训班。报到那天,一位老师正在操作平面设计的软件,首次接触电脑的他,一下子被电脑中变幻莫测又精美异常的图案迷住了。

他报名参加了电脑初级班的学习。教室里,辅导他的老师甚至有些不忍心看他,因为他的双手严重扭曲,每在电脑上敲打一个键,全身都要跟着一起使劲。

电脑班结业后,他开始想办法用有限的电脑知识找工作,但是,面对他这样一个路都走不稳,手指也不灵活的重残者,没有单位敢接收。看着镜子里的自己唇上已长出细密的"绒毛",却仍然需要头发已变得花白的母亲在福利院给人洗衣做饭赚到的几百元工资生存,他恨自己没用,拖累了母亲。

他想死,母亲说:"我现在除了你,什么也没有了,你要是死了,我也不想活了。"他拉着母亲的手,号啕大哭。

哭过后,他做出了一个决定:"既然没人要咱,咱就自个儿给自个儿打工。"

母亲吓了一跳,摸了摸他的头,不是发烧了吧?

他忍着泪,拼命调整好不听话的表情,给了母亲一个微笑……

捧起一位好心人送的《photoshop CS教材》,他在别人淘汰下来的电脑上一点点地摸索。

一年后,他已能用"二指禅"熟练地设计各类平面广告,他对设计近乎痴迷的热爱打动了每一位认识他的人。

在母亲拼尽全力的努力和社会上几位爱心人士的帮助下,一家小小的广告公司成立了。在这间租来的民房改造成的小公司中,临街的那间"门面房"就是他的"经理办公室",里面的一间是他和母亲的卧室兼厨房。

身体的残障加上他与社会接触面的局限,生意很冷清,常来光临的客户多是周围了解并同情他们母子的居民。

空闲时候,他最喜欢的事便是和母亲一起憧憬未来:他的业务不断发展,有足够的财力雇佣多名员工将公司做强做大;一位心地善良的好姑娘成为他的伴侣,带着对他的理解和爱,辅助他成就更大的事业;他们将买下一套不大也不小的房子容纳他们纯美的爱情;母亲终于苦尽甘来,凭着他赚下的家产,像城里贵妇人一样,穿着漂亮时尚的衣裳,戴着珠宝项链,想去哪儿就去哪儿,想买什么,都买得起……

母亲疼爱地看着他,笑而不语。曾经,她以为他能走路、能自己吃饭、能依靠她微薄的薪水生存下去,便已感到欣慰。不曾想,他居然能用这么严重的残疾之躯,走上自强自立的路。在母亲心中,无论他是怎样的残疾,都是她心里最棒的孩子。

两年后，他的业务水平日渐完善，但生意仍然时好时差，收入仅够维持朴素的日常生活，妻子和房子，对目前的他来说，仍是个遥远的梦想。

　　在这个流光溢彩的城市中，他们无疑是挣扎在社会底层的小人物，重度的身体残障更是给他的生活刻上了卑微的烙印。但是，这个世界有卑微的人，却从来没有卑微的梦想。每一个不同寻常的梦想，都有着不为常人所知的力量，给不如意的现实生活带来无穷的希望。

别把春天藏在心底,
让春天的阳光洋溢到脸上,
才会温暖别人的目光……

让春天的花朵在行动中绽放,
才会芬芳别人的心房。

让春天的花朵 | 尽情绽放

爱的缘分

人在这个世界是分散的，可是呢，有一些又经常发生着联系。俏冤家路窄，上辈子欠你的。人们常说，这是缘分，是命中注定，绕不开的。

但我发现，就是同一个小区的，住了几十年，还是陌生。走相同的路，去相同的超市和菜场，偏就是不认识。认识是需要理由的。因为某种原因，源于某种机会，两个人见了面，甚至还说了话，知道了彼此的名字，算作认识，下次再见可以打招呼了。

这个制造联系、创造机会的理由，可不是瞎编的。自然而然的认识总是让人满心欢喜。故意搭讪则很不安，不明白对方葫芦里卖的是什么药。知人知面不知心。绝大多数的认识属于浅尝辄止。交叉而过，音信渺茫，淡了，远了，忘记了。

却也有合得来的，一回生，二回熟，就做了朋友。朋友可以有很多，三教九流，男女老少，黄皮肤蓝眼睛。但是爱情不一样。爱是排他的。爱有时候是甜，有时候是酸，有时候还是苦。朋友松散，不过多期待，这让友谊像矿泉水，不容易变质。一句话，一辈子。一生情，一杯酒。

我说过，幸福是对愿望的满足，具体点说，能够爱自己所爱的人，做自己喜欢的事。这就不容易了。现在我想说，爱是一种最珍贵的缘分。因为爱使内心柔软，莽撞的汉子也会害羞。爱是呼应。只有一个人的爱，叫单相思。两个人的关系中，有互相不爱，互相爱或者一方爱而另一方不爱几种情况。假如要谈比例，互相爱是最少的了。怎么那么巧，他在追她，而她刚好又爱着他。

有的人朋友了很长时间，还是没有一次心跳。更有的人终生没有心动过。这说明爱难求。有的人倒是心动了，但是现实的篱笆墙阻隔了，无法牵手。人间很多事，抵不过一个利，空留下多少遗憾。

遇见一个人，有了爱情，就一定要珍惜。爱不像别的，今天放下了，明天还有。

爱情，这激动人心的火花，是多么美好！婚姻是物质的，具体的，而爱，浪漫如飞。婚姻要考虑的条件很多，家庭条件，社会地位，文凭，工作，年龄，身高等等，而爱超越了这一切。爱是空中的，婚姻是地上的。那一分感觉，真的是无法言说……

爱情甚至是说不清楚的。爱，可遇而不可求。谁都在寻找爱情。爱情是那么得偶然。瞬间产生，如暴风骤雨。年轻，风度，爱是不管这些的，一个眼神，一句话，一个动作，都会让爱噼啪作响。

爱让人羞涩，脸上泛起了红晕。期望见到，又莫名其妙回避，生怕还没有准备好，到底还是在乎。

爱是桃花。无端地思念，爱是可以忍受的思念。

我也说过爱如青花瓷，美是美，但要细心呵护，更不能主动放弃！有时，爱与别的一些事情发生了矛盾冲突。那么也请尊重爱，守护爱。

爱情是浪漫主义，婚姻是现实主义。

曾经，有人问我，是赚钱更难，还是寻觅真爱更难？有个人很犹豫，怕过了这个村，再没这个店了。她明确知道他是爱她的，可是他太穷了，女人是要养的，等到猴年马月呀。优越的生活，会省却多少麻烦？可是，爱情能培养起来吗？心里是没底。

他确实都好，就是缺少钱。叫日子怎么过呀？物价都那么贵。我劝也劝不住。后来，她嫁到别墅里去了。一下子，房子有了，车子也有了，再后来，孩子也有了。男人很忙，像皇上，相见时难别亦难。房子很大，也很空，就更加比烟花寂寞。坐在花园洋房里喝咖啡，总感觉缺少点什么。透过窗户，看马路边平常的夫妻，竟生羡慕，无端地滴落下眼泪来。宁愿坐在宝马车里哭泣，不愿在自行车后座上欢笑，当初，小美眉是这样说的，可是在品尝之后，才知晓想象是多少美丽，而生活，也有几分苦涩。

我只知道，于万千人海中，斯人出现了，眼前一亮，彩虹炫目，悄然拨动了心弦，开启了内心神秘的爱恋。柔情似水汩汩流淌。这时，阳光是明媚的。鸟语花香，到处都是春的景象。

他一路走来，从来没有踏过河岸，仿佛一个朦胧的向往，一切含情的音脉都无法纳入心跳的节律。她光着脚丫，拎着裙摆，于山重水复踏花跳舞，蝴蝶翩跹。

在某个时间，世界腾出了宁静的片刻。悠闲的空间，爱，犹如电闪雷鸣，将两个沉睡的梦中人吵醒了。那神圣的区域起初也许会慌乱地抵抗，但又有什么用呢？爱的潮水一波又一波撞击堤岸，一切似乎都不重要了。纷纷隐去，爱的火焰就把人烤得只剩下幸福。

爱，点燃了相思火苗。就算是天涯海角，又有什么要紧？爱既然能穿透一切。

上苍造人，原本都是一对一对的。只是在放到人间时，将他们分开了。不同的时间不同的地点，两个小生命诞生了，然后各自成长。在时间的森林里，就像蒙住了双眼，只能用心去猜，去寻觅，路弯弯曲曲，还有不少似是而非的诱惑埋伏于路途，没有定力的人也许就停下了。钟情的恋人何时出现？没有人告诉。时光悄然流逝。上苍看这一对璧人擦肩而过，也不言语。

爱的伤痛无法修复。爱就是这样的。任怎么伤害也不破碎的爱，其实是不存在的。

如果，你跟爱人之间有了误会，赶紧努力消除吧。如果是做了对不起的事，你需要忏悔。但即使是这样，也不会还是过去一样的青花瓷。虽然说表面看不出任何的变化，这只是一种假象。心的伤是暗伤。伤了爱人的心，不言说，刀疤藏着，隐隐的痛难以察觉。

太阳出来，黑夜就跑了。但是爱的阴影不能。任你怎么解释，那些阴影在心理的草坪上，就像泼出去的水。不要以为是爱的缺点。这正是爱的珍贵之处。就像生命无法重新来过，只此一次。

周国平说，最好的爱情是两个本来就仿佛有亲缘关系的灵魂一朝相遇。彼此认出，从此不再分离。两个灵魂的相遇要靠运气，所以这样的爱情是可遇不可求的，你无法去寻找，遇上了，你就像命中注定一样不能再放弃。

让春天的花朵尽情绽放

书房和阴面的阳台间隔着一道推拉门,因为冬日寒冷,这道门一直关着。春节前,我进入阳台搞卫生,随手推上了这道门。伴着一声金属的脆响,我的心"咯噔"一下:推拉门自动上锁了,锁扣在书房那一面,我被关在阳台上了!此时,家里没有别人在,我只穿着一身保暖内衣,被冰冷的玻璃和瓷砖困在这狭小的空间里。阳台上没有地暖,寒意从脚下顺着血液往上升,霎时就凉彻了心底。

家在五楼,跳窗出去,不可能;打电话给家人,手机又在卧室里;女儿在千里之外读大学,爱人在异地工作,纵是心有灵犀,父女俩也料不到我此刻被关在阳台上,等他们回来,太迟了。庆幸的是,同住一栋楼的公婆有我们房门的钥匙,我住二单元,他们住四单元。隔着玻璃,向窗下望去,院子里不见他们的身影。

我看到另外两个熟悉的陌生人,一个是常推着轮椅锻炼的老太太,一个是护在老人旁边的中年女人。说熟悉,是因为她们住在三单元,与我是邻居,常在楼下见面;说陌生,是因为搬到这小区一年,低头不见抬头见,却从未与她们搭话,偶尔近距离地相遇,无意间交汇到一起的眼神儿瞬间就避开,我不肯主动开口,连个灿烂的微笑也不肯抛出,这两个女人也便面容冷淡地沉默着。

老太太推着轮椅慢慢地挪,中年女人在老人身边呵护着。我望了她们一会儿,迟迟不好意思开口。真希望公婆尽快从楼道里走出来!可是,过了一会儿,又过了一会儿,还不见他们的身影。我的手脚已开始僵了,如果再不求助,两个女人进了楼,或许半天也见不到一个人影。真后悔平日里没有主动搭讪和她们熟悉起来,真担心,随着我的叫声,仰向我的依然是既熟悉而又陌生冷淡的脸。没办法，我拉开一扇窗，屋外的寒气顿时灌进来，我打了个寒战。

"大姐——"我寒冷的呼唤带着颤音。怕老人耳朵不好，我试探着喊中年女人。一声喊下去，楼下没有回应。我把嗓门稍微抬高些，再喊一声，还是没有动静。人家平时根本没听我说过话，不熟悉我的声音，很正常啊。"大姐！"我的第三声呼唤明显地带着焦急。这一次，大姐停下脚步，仰起头，看到了我，有些诧异地问："叫我吗？"我赶紧再喊一声"大姐"，说出遇到的麻烦，请她到四单元门外按响公婆的对讲机，让他们拿钥匙来开门。

大姐脸上露出善意的笑容："穿这么点儿啊，你先关上窗户吧，我马上就去！"平素动作缓慢的她快速向四单元跑去。她在四单元门外停留了好大一会儿，才又快步回来。我赶紧拉开窗，她又微笑着开口了："我按了半天门铃，里面没反应，是不是老人不在家？"我向四单元的车棚望去，公婆的三轮车，果然不在。"大姐，谢谢您了。他们的三轮车不在下面，真是出去了。您快去陪阿姨吧，我等他们回来。"大姐关切地说："我把我妈送回屋，马上出来。"她护着老太太挪到三单元门外，开门时，又扭头望向我："快关上窗户，别感冒了！"

很快，大姐从楼内出来了，站在楼下，一会儿望望我，一会儿望望通往小区大门的路。我有些不忍，再次打开窗："大姐，外面冷，您回家做事吧。我在窗子里望着他们就好！""我不冷，家里也没什么活儿。别总开窗子，你穿得太少了。"

那天，这位我平时不理不睬的冷面大姐，终于等回我的公婆，满脸笑容地和他们说明了我的小麻烦，才冲我挥挥手走回楼里。在三九天冰冷的阳台上，我分明感到了春天的温暖。

从那天起，我才和这位大姐真正熟悉起来，见了面，彼此笑容灿烂，目光柔和。她在屋内做饭，我也曾护着老太太按响她家的对讲机，等她春风满面地迎出来。与别的邻居间，也常常笑语相迎，互助互帮。原来，我们并不是冷面相对目光躲闪的陌生邻居，我们都有春天的品质。别把春天藏在心底，让春天的阳光洋溢到脸上，才会温暖别人的目光；让春天的花朵在行动中绽放，才会芬芳别人的心房。

与一朵云相对

[1]

草坪上，几个小孩子在玩水。

开始的时候，他们还挽着裤管。后来，裤脚湿了，裤子湿了，上衣湿了。再后来，鼻翼上是水，耳垂上是水，发梢上是水，浑身上下，都是水。

这是初秋的下午，天已经凉了。水玩过，几个孩子又在玩"骑马打仗"的游戏。两两配对，骑在"马"上的孩子，与对方骑在"马"上的孩子，在"马"的跑动中，以脚角力，互相蹬踏。一两个回合，三五个趔趄，七八声嬉笑，个个便摔翻在地上。再起来，身上，泥一片，水一片，伤一块，痛一块，然后，闹一声，嚷一声，继续玩。

一个人，若没有从这样的童年走过来，一定不是从诗意中长大的。

[2]

有一年，大雪，到山上去追野兔子。

四野尽白。深可没膝的雪，覆了远山近水。四下里，好多野兔的足印，仿佛它们的挣扎和喘息还在，我们说，赶紧追！

追了半天，又冷又累又饿。我们四处找柴火，树上的枯枝，沟洞里的树叶，崖缝间的鸟窝，田鼠洞里的豆荚，统统搜罗了来，扒开一片雪，然后，点起了火。雪，以及寒冷，纷纷从火堆四周撤退。而我们，在温暖里，一边烤着火，一边烤着干粮，一边大声说笑，一边高声放歌。空旷的四野里，鸟都不敢飞过来，哪还有野兔子的踪影。

那一次，我们一只兔子没逮着，心底里，却捡拾回来无穷的快乐。

[3]

我有一个朋友，是位画家。

有一天，他邀我到郊外，干什么？看蚂蚁。他在一个肥硕的蚂蚁屁股上，轻点一丝朱红。整个一上午，我们盯着这只红屁股的家伙，一会儿拖回一只空壳的麦芒，一会儿在巴掌大的地方逡巡一阵子，一会儿对着一根高挑的草疑神疑鬼，一会儿优雅地为另一只蚂蚁让路，一会儿又急匆匆地去打上一架。

我们两个人，仿佛是被它牵着，一会儿驻足在这一处，一会儿蹲踞在另一处，一会儿手舞足蹈，一会儿又凝神屏息。我们看它，它一定也好奇地打量着我们两个傻傻的家伙。

被盯梢终究是郁闷的。那天，它突然钻进窝里，半天没出来。我们的心，在等待中，竟好像也被困在了幽深的地底，半天，没上来。

赏玩一只蚂蚁，与被一只蚂蚁捉弄，都是一种欢喜。

[4]

大冬天，街上冷得难见一个人。

到水果摊前买水果，不见摊主。只见旁边一个女人，上身是红红的羽绒服，下身是过膝的皮裙，高筒的靴子，背对着我，一边哼唱着，一边和着旋律，正翩翩独舞呢。

这么冷的天，真好兴致。

大姐，这儿的摊主呢？我问。

她一转身，我便有些羞赧。看起来，人家好像比我都岁数小。然而，更令我吃惊的是，她朝我走过来，说，你买水果呀，我就是。

啊，你是摊主……我没有掩饰住自己的惊讶。嗯，我就是。然后，她熟练地为我称水果。这时候，我注意到她水果车上的标牌。天哪，她竟然出生在1961年，不是大姐，是大姨！

　　一个人的年轻，其实，应该是心境里不灭的诗意，以及内在生命不尽的激情吧。

[5]

　　与人对酌，喝着喝着，人走了。

　　开始还茶雾缭绕，后来，雾散了，水凉了，气氛没了，心绪乱了。

　　此时，一朵白白的云飘过来，投在不知哪里的玻璃幕墙上，又反射落到杯子里。一刹那，杯里也有了大乾坤，一朵云，在杯中荡漾呢。

　　赶紧再续一杯开水，云在水里，水在云里，云水升腾在茶雾里。轻啜一口，然后，小心翼翼放下，喜对一朵云，相看两不厌。

　　酌，与一朵云相对，多美多好的意境啊。

石头精灵

[1]

大地上任何一块石头,都有自己的呼吸,都有自己的感情,都咀嚼着一段岁月,都蕴藏着一部历史,都是一个会思考却沉默不语的大自然精灵。

世界上没有两片完全相同的树叶,也没有两块完全相同的石头。每一块石都有自己的性格,每一块石都有自己的灵魂,每一块石都有自己的高度,每一块石都想站起来。

当你手捧起一块石头,你的呼吸便与这石的呼吸悄悄连通,你的脉搏便与这石的脉搏一起跳动。

若你眯起眼睛,把这块石放在眼前,石便会渐渐变大,或成一块巨石,或成一座山。

[2]

一块石与一朵花一样,都有自己的心。不同的是,花常常变化,花开花落,花盛花衰。而一块石,几万年前甚至几亿年前,它就是一块石,再过几万年甚至几亿年,它仍然是一块石。

石的心,是实的,是永世不会变的。

石的身,是不朽的。文字与一段历史或文化刻在石上,文字与历史与文化也因而变得不朽。

[3]

　　山上有很多石，一块石紧挨着一块石，一块石依偎着一块石，石与石最爱相聚。千万块石相拥着挤在一起，不料这一"挤"就是亿万年，"挤"出了石的个性与灵魂。石，你被挤疼了吗？

　　石面对着石，石凝视着石，石倾听着石，石暗恋着石。一块石与一块石成了知心朋友，默默相守、交谈了亿万年。它们都谈了些什么呢？可惜我们听不到也听不懂。其实，听不懂没关系，石并不是说给人听的，石是说给石听的。

　　每一块石与每一块石之间的区别，没有人能分得出来，也没有人能认识它们，但它们自己互相认识。

　　每一个人与每一块石本没有什么关系，我不认识石，石也不认识我。可石是有灵性的，人与石是有缘的。你若真的喜欢上一块石，你就会认识石，石也会认识你；你在默默地凝望着它时，它也在深情地凝望着你。

[4]

　　石头的爱最牢固。只要一块石爱上一块石，只要一块石与一块石拥抱在一起，一亿年也不会分开。

　　石头最团结。只要千千万万块石肩并着肩、手拉着手，只要众多石头紧紧搂在一起，便成了再狂的风也吹不动、再大的雨也冲不垮的山。

　　石头的骨头最硬。要想让一块石头弯腰、屈膝，除非把它折断、砸碎。即使把它折断、砸碎了，每一块被折断、被砸碎了的石头也不会弯腰、屈膝。

[5]

　　很早很早，一块石头在地壳运动中诞生。它静静地站在山上，看沧桑，看变迁，这一站，这一看，就是几十亿年。

据地质学家考证，泰山一岩石距今已有30亿年，曾见证了30亿年前的地球。那时的地球是什么模样呢？谁也不知道，可它知道。

亿万年那漫长的时间，在石头的一呼一吸中悄悄流逝，仿佛把这么多时间都一点一点吸走了。石，难道是紧紧凝固、压缩在一起的时间？假如能剖开这块巨大岩石，我们会看到隐藏在里面的那几十亿年时间吗？

我一直弄不明白的是，一块石头，该有怎样的筋骨，30亿个凛冽的寒冬竟没有把它压垮，尽管岁月、历史都被压得喘不过气来。是不是因为它心中装有30亿个春天，并亲眼看到30亿个春天是怎样融化了30亿个寒冬？！

[6]

石头是冰凉、冷酷的吗？可它却能撞击出耀眼的火花。

每一块石头里，都藏着一颗火种——一颗珍藏了亿万年，且亿万年风雨都未能将它熄灭的火种。

[7]

有的石巨大，有的石矮小；有的石位居高处，有的石常蹲在阴暗低下的角落；有的石被砌成皇帝的宫殿，有的石被垒成乡间的农舍；有的石被刻成高大的石碑，有的石被铺成人人踩踏的山野小路……

或高或低，或贵或贱，每一块石都有自己的位置，前者并不因此而洋洋得意，后者并不因此而怨言满腹；山下石并不会非要闹着跑到山顶，埋在地下数亿年的石却成了价值连城的宝石。

巨石是石，碎石也是石；美石是石，丑石也是石；柱顶石是石，铺路石也是石；高高山巅上的石是石，深深谷底下的石也是石；秀美山水间的石是石，荒凉大漠里的石也是石；雄伟金字塔上的石是石，小小石桥上的石也是石……

不管在什么地方，石永远是石，它从不改变自己的本色。

[8]

　　名山上的石头容易被发现，也容易出名，成为名石，让天下人仰慕，如黄山的"飞来石"、泰山的"探海石"。而藏在千万重无名深山里的石头，多少亿年也不曾被发现，没有一个人甚至没有一只鸟儿知道它们。有的还被深深埋在漆黑的山底下，见不到阳光蓝天，更得不到画家、诗人、摄影家的青睐。

　　而用自己的身子支撑着这千千万万座大山的，正是这千千万万块默默无闻的石头。

[9]

　　有的石年轻，有的石已经老了，看看那些石上的皱纹，很多是岁月的巨手雕刻出来的。轻轻抚摸着它们，仿佛触摸到了亿万年前的风风雨雨及那一缕缕还十分年轻的阳光。

　　有的石早已觉醒，在新石器时代就有了新的生命；有的石偶然间成了石狮，无声的吼声似要把整个历史穿透；有的石被刻成一座座高大的佛像，数千年前就已睁开眼睛且再也未曾合上，看尽了天下芸芸众生；有的石还在酣睡，好像正在做着一个很长很长的梦；有的石仿佛喝醉了，一醉竟醉了几亿年……

　　睡了数亿年，醉了数亿年，这一觉、这一醉何等的长啊，何时你才能醒来呢？难道你真的醉了、真的睡着了吗？

　　也许石根本没有睡，也许石睡如醒、醒如醉，似醒似睡，似醉似醒；也许石身子睡着了，心却醒着……

　　天下也只有石才有这样大的气魄：一个梦就长过人类所有历史，一睁眼就是亿万年。

[10]

　　石不会说话，已经沉默了很多亿年。石真的不会说话吗？风吹石鸣，那是风与石的细语；水落石上发出叮当之响，那是石与水的诉说；古人把石制成石磬，也许想让石与秦汉唐宋倾心交谈……石若有情石想说，石不言却有言，当你静静面对着它时，仿佛能听见它的心音。

我手上捧着一块玉石，据说它的形成已有几十亿年之久，全身凝聚着天地万物之精华。轻轻敲一下，它立时发出清脆的声响，我仿佛听到了几十亿年前历史的回声。

[11]

多年前，我在黄山下的奇石店买了一块绿色的奇石，回到家中，放在水里一洗，谁知奇石却掉色了，我立时发觉上当了。

真正的石头在天地间风风雨雨亿万年，是什么形状什么颜色时间早就决定了。如果几千年几万年都抹不去它身上的颜色，几分钟能抹去吗？真石从不怕岁月，假石才最怕风雨与时间。

石头自己从不会造假石，造假石的都不是石头，是不如石头的人。

[12]

我们可搬动石头、可举起石头、可踩着石头、可砸碎石头……在石头面前，你以为你征服了石头，可是，你真的强过这些石头吗？你能举起一块石头，可你能举起整座大山、整个地球上的石头吗？

一亿年前，这些石头每天在看着日出日落、蓝天白云时，你在哪里呢？一亿年后，这些石头仍在呼吸着亿万年后的新鲜空气时，你又在哪里呢？

当地球上还没有生命时，石头就在那儿站着；地球上所有生命消失后，石头还在那儿看着。它在看什么呢？

我们有眼睛，连短短百年都很难看到头；石头无眼睛，却看穿了亿万年的历史。

[13]

每一块石头都是一部书，太阳读过它，月亮读过它，风读过它，雨读过它。岁月，常把一行行足迹写在石头里；历史，常常坐在石头上沉思。

每一块石头上，都凝聚着蓝天亿万年前的笑容，都储存着太阳亿万年间的体温，都是一块有着亿万年梦想的石头，都是大自然经过亿万年艰辛孕育出的一个个儿女：白的，为玉石；绿的，为翡翠；红的，为鸡血石；蓝的，为蓝宝石；黑的，为黑玛瑙；高压高温下，成了钻石；一根根石柱，成了石林；千万年历史，成了化石……

眼前这块几十米高的巨石，据说已静静地在天地间站了十几亿年，站成了一座历史的雕像。而每一块大大小小的石头，不都是一座又一座百万年、千万年、亿万年时间与大自然共同精心构思创作的雕塑作品？！

[14]

我在一块三叶虫化石前久久伫立。也许这只三叶虫当年正在甜甜地睡着一个好觉，没想突遭变故，这一睡竟"睡"了上亿年。

亿万年前的恐龙等许多动物如今都成了化石，也许多少亿年后，人终究也会变成石头的。数亿年后，当那时的人们发现由我和你和他变成的化石时，会说些什么、想些什么呢？

其实，人是敬仰石头的，石的品格正是人追求的品格，那耸立在历史与大地上或人们心中的千千万万座碑，不正是一块块高高站着的石头？！

[15]

山无石不奇，水无石不清，园无石不秀，室无石不雅。石可补天，石可填海，石可成山，他山之石可攻玉，点石可成金。一山一世界，一石一乾坤。没有石的山，不可能高大；没有石的世界，是缺少阳刚的世界。

有石才有山，有山必有石。山举着石，石托着山；山与石身相连，石与山心相依；石拥着山才高，山搂着石才坚。一座巍峨的高山，没有千万块石的支撑，能站得起来吗？

如果说水是大地的血脉，那么石就是大地的骨骼。没有骨骼的人，还是强壮的人吗？没有石头的山、没有石头的地球，还是强壮的山、还是强壮的地球吗？

地上亿万座山，天上亿万颗星，大多也是由岩石构成。即使被称作气态行星的木星，其中心也是直径约为两万公里的巨大岩石芯。可以这么说，人之骨、生命之骨如石；山之骨、大地之骨为石；地球之骨、宇宙之骨还是石。

时　间

　　时间，闪着晶莹的色泽，悄然而来，又悄然而去。它是个很美的词，让人遐想。可是，它又是个沉重的词，让人叹息……

　　时间无涯，既是起点，又是终点。时间永恒存在，却又在不断消逝。可是，当它清晰地出现在我们面前时，却会让人感慨。在时间面前，我们都只是短暂的一瞬，那是多么坚定的现实。

　　时间是一幅空白的画，它把自己交给我们，由我们随意勾勒图案、涂抹色彩。我相信，每段时间都有色泽，即使一片空白，也会有单调的浅白色泽。我始终赞同，赋予时间色泽的想法。因为当我们发现每段时间都有了色泽，那么无疑没有虚度时间，如此清楚地看见一路走过的风景。我们甚至可以说，我们是如此清醒地活着，没有让年华白白流走。

　　时间，是那么让人感伤。有时会想，时光匆匆的依据是什么呢？时间恒定存在，我们可以用秒针清晰地看到它的流逝，但把时间划分成时、分、秒就一定准确吗？假如可以丢弃一切意识到时间存在的事物，那么我们会觉得日子更美，有种天长地久的感觉。但那不现实，因为我们不是永恒，一切都有结束的时候。

　　时间从来不曾改变，改变的是我们。

　　当我写下这句类似箴言的话时，有种惆怅的感觉。回首过去，是件艰难的事，但很有必要，你相信吗？

　　现在，我忽然明白，时光匆匆是因为我们与当时的生活存在着一定的距离。还记得那美妙的童年吗？我只记得那时家里经济困顿，没有玩具，没有可以支配的零钱，甚至没有什么玩伴，但依旧过得有滋有味，十分愉快。常常在一个人的世界里寻找许多乐趣，对身边的世界充满热情与好奇，总期待着生活又带给我什么新的惊喜。我觉得儿时的世界很小，但充满了童话般的奇异色彩，一棵树，一个小玩意儿，都是一片神奇的小天地，蕴藏着多彩的世界。那时，时间好慢，从来不曾感到时光匆匆。每个夏日午后，简直是奢侈的时光盛宴，似乎漫长得遥遥无期，时间好像停止了。那时没有时间观念，想来也是一种幸福。

我仔细地想了想，知道童年为什么会过得比较慢。因为童年有更多的事物让我们开心，从内心深处认同、喜欢。在童年里，我们经历了更多美好的事情，记住了更多闪光片段，因此留住了更多的时间，让我们觉得漫长、有趣，它和我们的内心融合得更加紧密。但长大后，我们发现，生活并不像童年所想象的那般纯色、透明，生活的现实就是一场不简单的考验，一团杂色。不管你承不承认，生活里总有许多的不容易。

于是，生活里能够让我们会心一笑的事情变少了，能够融进内心的事物也不那么多了，能够承载我们年华的闪光片段少了，那些美好的时光变少了，时光匆匆开始显现。当我们感到时光匆匆，也许，我们已经在一定程度上虚度了时间。

有时，不敢想象，时间是怎么一点点地从身边流逝。当我坐在车上，看窗外的景物飞快掠过，这就是时间在飞逝吗？常常想，几年前，我还拥有青春年少，还有昔日好友在一起玩乐；几年后，我就走到青春的尾声，即将到达三十，而昔日的好友早已天各一方，渐渐疏远，身份地位都有了天壤之别。这其中的转变是这么让人迷惑，似乎一下子就走到今天，但在这其中，我失去了些什么，又得到了些什么。

时间中的一切都是唯一的。就连自己也不再是当初的自己，那稚嫩的少年早已不在，只在记忆中重现。时间，需要我们涂抹色彩；时间，需要我们好好对待。时间，应该是一种理性的存在。那么，当我们在时间里做自己喜欢又有意义的事情时，时间就显得那么具体真实，可以触及。

给自己一片好心

花开花谢，云卷云舒，生活总是这样的跌宕起伏。红尘的纷纷扰扰，如虚如幻的充斥在我们身边，影响着我们的生活，摇摆我们的心地。心态决定着我们对世界的态度，你所看到的世界反映了你的内心。所以试着让我们的内心世界变得干净、变得清凉，留一片好心给自己，你会发现周围的世界原本是那么美好。

留一片无私给自己。人需要有一颗牺牲自己私利的心，给人以关爱、给人以方便、给人以欢乐、给人以希望，有一分热，发一分光。捧出一颗心来，不带半根草去。近日素称"陇上桃花源"的舟曲却被可怕的泥石流弄得满目疮痍。"千古彷徨事，此物最伤情。"但是中华儿女不会被灾难打垮，救人民于水深火热之中，这其中种种的事迹都无外乎一个主题，那就是——无私，他们的无私让人温暖、让人敬佩，让人感动，无私奉献是人类最纯洁、最崇高的道德品质。她像冰山雪莲，洁白无瑕；她像满山杜鹃，情暖人间。中华民族自古就是文明之邦，有着几千年的文化底蕴，让中华民族的优良传统不断发扬光大，让无私大爱充满人间。

留一片善良给自己。心与心的沟通，爱与爱的传递，本来是生活中稀松平常的举动。可是，有时爱心却变成了奢望，善良也只能可望而不可即。反倒是那些看似毫不起眼的人，在危难时伸出一双手，在渴望慰藉时捧出一颗心。其实，爱是没有界限的，给善良设防的只是冷漠的心。善良的心就是太阳，善良的、忠心的、心里充满着爱的人能不断地给人间带来幸福。勿以善小而不为，勿以恶小而为之。有时候一句鼓励的话，一个微笑的眼神，能够成为别人进步的动力。播种善良，才能收藏希望。一个人可以没有让旁人惊羡的姿态，也可以忍受"缺金少银"

的日子，但离开了善良，却足以让人生搁浅和褪色——因为善良是生命的黄金。多一些善良，多一些谦让，多一些宽容，多一些理解，开启我们隐藏的真心、热心和爱心，让善良成为这个世界的主流。那么，不管我们的口袋多么羞涩，我们的生活多么贫穷，我们的心灵都将无比的富裕和充实，一份昂贵的善良将永远是我们的骄傲的勋章。持守一份善良，便安居一阙坦然。心若没有栖息之处，到哪里都是在流浪，让善良长住心间，幸福就会伴随我们到永远。

留一片无争给自己。"非淡泊无以明志，非宁静无以致远。"虽然在尘世纷乱的时候，要做到与人无争，于事无求是很不容易的。但是就在现在这个太平盛世里，做到与世无争，仍然是很不容易的。当别人无故骂了你，或者因为什么原因误会了你；或者大家都有的东西唯独少了你的；或者有人做事不顺心意；或者有人打了你，如此等等你能做到一笑了之吗？即便是不能，也要有"春水船如天上坐，老年花似雾中看"的洒脱，就像萧瑟冷肃的秋季，虽然如此，但秋天也是收获的季节。不要为了无谓的事去争斗，那样只是徒然的耗费心力，于人于己都划不来的。人的一生总会得到些什么，失去些什么；遇上某些人，离别某些人，希望永远是美丽的，现实依旧是那么的残酷，错了就要承担，没有必要再去斤斤计较谁对谁错，谁是谁非，紫罗兰把它的香气留在那踩扁了它的脚踝上，这就是宽恕。"有缘相逢共一笑，从此再不论古人"常怀一颗感恩的心面对所有人。

"世界光如水月，身心皎若琉璃；但见冰消涧底，不知春上花枝。"人生有世，恍惚间岁月消逝，在无涯的岁月里，我们只能拥有一段有涯的时光，在这有限的时光里，何不让我们的生命过得轻松而洒脱，充实而有意义，多给自己的心灵里灌注一些美好的情愫，让包容之心、感恩之意和友善的思想、诚信的行为，以及见贤思齐、忍让谦虚的情操等等成为我们人生的主题，我们心灵的莽原一旦照进这些真善美的阳光，那一片宁静祥和的庄严美丽会让世界感动。

优雅人生

一个人的财富、职位甚至长相都可以通过化妆进行隐藏，但是，优雅却是装不来的。因为优雅是一个人文化水准的外在表现，是一个人内心修养的外在自然流露。

在我们的生活中，有的人随着职位的升迁，随着财富的增多，就想着做绅士，但是，却往往让人感觉是在刻意地模仿和伪装，是很不得体的附庸风雅，甚至是令人作呕的矫揉造作。其实原因很简单，这些人并没有真正理解优雅的内涵，以为自己能够像那些优雅的人一样举手投足就是优雅了。

优雅是一个人的综合素养，是一个人的文化积淀、真诚美德、善良品质、自然朴素的共同体。一个优雅的人，首先是一个有教养的人，有了教养而后才能谈得上修养，有了丰厚的修养才能够谈得上优雅。

在哈佛大学拥有极高声誉的资深教授罗曼先生即将离任，做最后一次告别演讲的时候，他为了表达自己对学校的尊敬，把自己的车停到校门外面，步行一千多米走到学校大礼堂的讲坛。当他演讲结束离开礼堂的时候，所有在场的师生自发全体起立，雷鸣般的掌声经久不息地回响在哈佛校园的天空，大家目送着教授一步一步渐渐远去的身影，感受到了什么叫一个学者的优雅。

在美国的国会里，有很多人是反对在任总统的。但是，当总统来国会发表演讲的时候，那些反对的人会像赞成的人一样起立欢迎总统的到来。演讲结束的时候，也会像赞成者一样起立为总统的离去鼓掌送行。因为这表现着一个政治家的修养：我虽然反对你当总统，但是既然你已经被多数人选举为总统，我就无条件地服从多数。这是一个政治家的优雅。

所有去过美国和西方社会的人，都会为他们社会中对普通人的尊敬而惊奇。行人通过路口，车辆绝对会先让行人通过。地铁车厢里，刚刚上车的人，一定不会先去找座位，而是当发现身边的人都已经坐下，而依然有空位置的时候，自己才会坐下。这是一个民族对共同规则的高度理解，是一个民族的行为修养。

有很多女性以为长相漂亮就能够优雅，这显然是一个很大的认识误区。不论一个人的长相多么漂亮，如果没有一定的文化积淀，没有一定的教养，外在的漂亮就会苍白而肤浅，就是一个漂亮的花瓶而已，一举手一投足一句话就把自己的底子亮了出来。因为优雅隐含在衣缝里，隐含在每一个毛孔中，渗透在每一个表情和眼神中。与之相反，如果一个长相漂亮的人，再加上后天的努力修为，漂亮的外表下面是深厚的文化教养，上天赋予的美貌与内在的美和谐统一，这样的人就优雅到极致了。

一个长相不漂亮的人，依然可以做到优雅。美国的第66任国务卿赖斯，是美国政府中有史以来职位最高的黑人妇女。虽其貌不扬，但是，她依靠自己高深的文化修养完全弥补了先天的不足，朝气蓬勃，干练能干，充满智慧，在全球各个政治力量之间纵横捭阖，以卓越的政治才能成为美国的铁腕人物。在世界范围内，所到之处，没有人关注其外貌，人们更多的是为她钢铁般的意志和优雅的举止而倾倒。

任何一个人都可以做到优雅，政治家和文化人有属于他们的优雅，普通人也有普通人的优雅。就餐时的细嚼慢咽，上车时的排队等待，公交车上的起身让座，对乞讨者的一点施舍，对公共设施的自动保护，来了客人的起身相迎，在医院里的轻声细语，生活中的尊老爱幼等等，都是一个人优雅举止的表现形式，这些细小的行为，构成了所有普通人的优雅。

会传染的品质

一次，一家人一起到西餐厅用餐。那天客人很多，菜出得慢，陆续送了来，大家开始用餐。吃到甜点时，我点的餐还没送来，因为是一家人，所以我吃一点你的前餐，你吃一点他的主菜。

服务小姐送来饮料时，很不好意思地询问："是不是还有一份餐未送来？"我说是，服务小姐很客气地说了一声"对不起"，就离开了。不到30秒，老板娘带着大厨到我旁边，连声抱歉，说刚把主菜放下去而已，还要一二十分钟，问我能不能等一下，或者要退掉。我答："没关系，我知道你们今天忙，难免会慢一些，我等一下好了，等好的时候帮我打包起来，我带回家。"老板娘跟大厨连声道谢离开。

埋单时我惊讶地问说是否算错了，老板娘在旁边解释道："因为你的谅解与客气，所以餐点打八折，没上桌的那一份免费，小孩子的附餐也免费招待。"我笑笑说："你太客气了。"老板娘回了一句话："因为你的客气，所以不得不让我们更客气。"

我笑着离开，不因少花钱，只因客气也可以传染给别人……

我的工作让我常常有机会介绍想装潢的客户给做室内设计的朋友，按照行规，或多或少总会有些介绍费，但我从来没接受。

大概是从高中开始，当朋友要回报我对他们的帮助时，我总是拒绝。我只认真地告诉朋友，哪天我需要帮助，拉我一把就好了。因此，当我需和全家外出离家数天时，我不用担心家里的鱼会饿死、花会枯死；当我需要搬运东西时，我不用找搬家公司；当我无车可用时，不必担心没人载……

善意与帮助像是一颗球，当你毫不迟疑地将球丢向对你招手的人后；有天，当你也在招手时，也会有颗球飞到你手中，或者，还不止一颗。这是蛮好玩的游戏，你不妨也试试。

清理空间，储存幸福

今天帮朋友搬家具，很简单的一件事，就是把一部分不用的家具搬到储藏室，可是我们六七个人忙了半天才结束。储藏室里的东西塞得满满的，需要把它们清理出来，才能搬进去家具。废纸整整装满了两辆汽车车厢，运走废纸后，又把一些木头啊、家什啊等等乱七八糟的东西装满两车厢。我们简直惊呆了，也累傻了，这间小屋里怎么塞满了这么多的东西啊？这些东西，四五十年前的都有。主人把有用没用的东西全部塞进屋子里了。

其实，我们很多人都或多或少的有这种毛病：囤积。这也舍不得丢，那也舍不得扔。杂物便堆积占满我们的空间。有些东西是我们花钱买来的，买来后发现又没用了，便存起来了；有些是我们费了很大劲弄来的，当时感觉有一种占有欲满足感，弄到手却没有用处，也便存起来了。当然，也有些废品被我们存起来。

这是一种微妙的心理，却有着普遍的现象，只是我们没有意识到而已。这让我想起一本书，叫《囤积是种病》。这是一本解读人囤积心理的一本书，它告诉我们，为什么囤积症患者只考虑眼前拥有某物的快感，却忘记他们没钱购买或者没地方存放那么多东西的痛苦？为什么囤积症患者会希望一生一世都占有一切，即便生命、金钱、地位、身材、脸蛋、名车、名表都只是一时归他所有？一个囤积者有两个自我，一个在黑暗中醒着，一个在光明中睡着。当你囤积东西的欲望变大时，属于你的世界就变小了。生活中，你是一个喜欢囤积物品的人吗？你的衣柜是不是塞得满满的？你的电脑是不是积累了太多不知道何年何月下载的文件？如果你是一个喜欢阅读的人，你的房间里面是不是堆满了多年前的报纸、杂志？我们突然惊醒了,我们的喜好是一种病态啊!有个年轻朋友说,我们家我常收拾,我收拾出来一大堆东西准备扔掉,装在袋子里,扔在门口,还没等丢到垃圾箱里,趁我一不注意我妈妈又收回来了。我讨厌家里满满的,我喜欢空间大一点,拥挤了就会觉得压抑。但妈妈喜欢囤积。我们的物质贪欲越来越高,我们的杂物堆积得越来越满,所以我们对生活越来越不满了。人人都希望过上幸福快乐的生活,而幸福快乐只是一种感觉,与贫富无关,更与杂物囤积无关,它与感觉相通,它与内心相连。清理出盛放幸福的空间。

我们希望拥有的越多越好,殊不知,这样有着很大的负面作用。《囤积是种病》告诉我们,囤积物品和喜欢收藏的人不同,因为收藏者会按照物品的价值进行选择,但喜欢囤积物品的人却可能囤积垃圾或者没有任何价值的东西。对于具有囤积物品喜好的人,最好的治疗办法是励志小组和各种认知疗法。学会经营心灵生活。拥有一颗空灵的心,便拥有一片生动的天地。只有有一颗空灵的心,才会注入快乐,注入幸福。

让我们清理出一个空间来,来储存幸福。否则,我们的幸福无处可存。

寻找快乐

作家葛若宁叙述了他的一个经验。有一次他在飞机场等待一架为恶劣天气所阻,久久盘旋而不能降落的飞机。时间一小时、一小时地过去。葛先生注意到一位等待未婚妻的青年人那极度焦急不安的情形。时间每过去一秒,他的情形便更加恶化。

这位有名的作家知道,若是劝这位青年不要担心是毫无用处的。于是他采用另一种方法,他走向前去和他聊天,问起他未婚妻的情形,她长得什么样子?他们是怎样认识的?于是那青年就非常起劲地谈论自己的未婚妻,不久他的忧愁竟暂时忘记了。在他不知不觉的时候,飞机已经降落了。

葛先生所用的方法,乃是将积极的思想放在青年人脑中。你脑中若有消极的思想,也可以用同样的方法,将注意力集中在那些使你感觉快乐和充满希望的事物上。

你注意力的焦点平常在哪里?是注意到你的过失,或是你所做的贡献?你所获得的批评或是夸奖?集中在你的忧虑和恐惧,或是希望与梦想上?是想到失败或是成功?想到所会遇见的障碍,还是所要达到的目的?你所想的是什么,就会决定你的态度,你的态度就决定你的命运。

你的姿势会左右你的情绪。瘫在椅子上就会觉得疲倦,挺起胸膛就会觉得精力充沛。软弱无力地坐着就会有怯弱的感觉,直立起来就会高兴及充满生气。

你的声音也会影响你的情绪。声音柔和,头脑就会冷静,说出尖锐的话,就会有愤怒的感觉。说话迟疑,就觉得不安全。声音坚定有力就会充满信心。

你的举止、走路的样子、说话的方式、写作的笔调，都会影响你的情绪。你对外表及举止加以管制，就能间接地使你的内心焕然一新。

做事的时候，若是技巧熟练不加压力地去做，就不容易感到疲倦，精力也会充沛，就会更容易成为快乐、健康及成功的人。

蒙特里大学的赛毅博士说："每个人都有自然的压力水平，在这个程度上，他身心的作用都是最有效的。若是加以任何外力，使他离开了这基本的水平，就会发生不良效果。"

赛毅医生是研究人所受压力的一位权威。他说："对一个生来活泼有精力的人加以压力，使他步伐缓慢，与使一个生来动作缓慢的人加快步伐，二者是同样不好的。"

勉强自己以一种与个性不相配合的速度去工作，乃是最足以破坏宁静与造成忧虑的不智之举。应当从事试验，找出一种最配合你需要的速度。一旦决定了最有效的步伐时，便照着这节拍前进，不要随意更改。

无论什么事情临到，你只要愉快地选择，就可以消除被强迫的感觉，这样也就会使你改变态度。

研究脑科的专家们发现，新的知识和感觉借着我们的感官进入头脑的头30至60分钟之内，并没有深深地铭刻在脑中，若在这个时候对它们加以忽视或忘记是最容易的。

有一位专家说，人收到坏消息之后，不会立刻对它有情绪的反应。脑中只不过有一幅悲伤的景象。若容许这幅景象将它的信息传到小脑，小脑就会将它传到自动神经系统，这时就会发生忧虑的感觉。

与勤相对的懒

很多年都不敢也不曾懒惰了。

每个冬天的早晨,天黑蒙蒙的,寒风有时就在窗前呼号,但是必须起床,孩子要上学,要为他准备早饭,然后自己去上班。每个秋天来临,树木斑斓,大地上流金溢彩,背上旅行包,坐上火车,或者只是徒步到城市郊区的田野去走一走,都是那么惬意和舒心,但是很多事情在等我去做,我不得不一次次地放弃。

时光是流逝的,生命是有限的。有生存一直在逼迫着,有使命一直在心底隐藏着,有观念总是在约束和驱使着,人便成了忙碌的昆虫和无奈的牛马,一天天地埋头劳作。

但是懒惰好像还是时常顽强地跑出来,改变着很多事情。

办公桌上的事务越来越多地堆积着,厨房不是每个星期都清理了,衣服和头发拖几天再洗也没有什么,在满天星光下散步,任突然触起的感觉或者是纷乱的思绪一掠而过……

偶尔懒惰懒惰吧,在无碍大局的事情上懒惰懒惰吧。

懒惰的感觉有时很好,整个身心都放松了,那些人生的责任、工作上的压力、人际关系的烦恼,通通抛到了九霄云外。

但懒惰以后,总是稍稍地有些心疼和失落,也有一些损失和时光匆匆而过。

小小的懒惰也许不会有什么了不得的恶果,身体得到休息了,心情感觉轻松了,很多的急事都放下了,紧绷的神经得到调整了。只是,家里的灰尘从来不会自己消失,一直在耳边响起的还有自律和自责……

如不能懒惰,那就时常悠闲一下吧。

然而悠闲更不容易做到。那些能够悠闲的人，首先是有了生存保障的人。有一位朋友，单位里的收入不错也不需要坐班，孩子也自立了不再需要她的照料，她每天上午的主要事情就是睡觉，睡得酣酣的足足的。

悠闲还不仅是有良好的生存基础就行了，它还需要平息很多经常膨胀的欲念。一个人的心中如果盛满了欲念，那么他是不可能真正悠闲起来的，他总是想着挣更多的钱，获更多的名利，有更多的男女关系，比别人开更高级的车，住更宽敞的房子。他在打高尔夫的时候眼神里也会充满焦虑；在仰卧草地的时候，也会想着办公楼里复杂的人事。

勤劳是本能使然，是生命的需要；懒惰也是，是生命的另一种本能的使然和需要。

人在劳作和付出上是懒惰的，在欲念的满足上却从来不是懒惰的。比如吃饭、睡觉、约会恋人，很少有人说自己懒得吃、懒得睡、懒得谈恋爱。谁要是在欲念上懒惰了，那他大概就是有病了，或者是衰老了，要不就是历尽了人世的沧桑，看什么都淡漠了。

人有很多本能的需要，有些是自私的、贪婪的、懒惰的、放纵的。这些需要互相影响着，制约着，以不同的形式表现着，组成了复杂的人性和社会。

当人的劳作和付出超出了身心能够达到的限度时，本能就会很快做出反应，要求适当调节。但若是懒惰成性，可能会陷入困境，被人厌恶。只有勤奋和积极进取的人，才会赢得成功的人生。

北方有佳木

在我生活的赣中南，只要我目光所及，就有树的影子、草的踪迹。那些粗大的梧桐、常青的樟树、娇羞的枇杷、妩媚的柳树，还有更多的我叫不出名字的乔木灌木，生长在原野、山川、河堤、路边。春天，有姹紫嫣红的花朵；夏天，有浓郁凉爽的绿荫。

即使是那些看似貌不惊人的野草，也有着令人吃惊的娇媚。其中，最使我难忘的是芦苇和野菊花。它们往往生长在沟壑荒坡、山脊悬崖，普通、自然的在乡间随处可遇。

每当春风煦煦，株株芦苇便迎风扑面而来，在阳光中尽情地长着、绿着，蓬勃的生机让人觉得它们的活力简直没尽头。而且，每一株都有数不胜数的长长的绿叶，繁密得使人望而生畏。转眼间，河畔上、荒野里就出现了一大片一大片的芦苇，显得壮观而有气势，让人佩服地看着它们在大地上像树一样挺立，摇曳着美丽的身姿。到了秋天，芦苇开始逐渐变黄，高高的芦苇秆顶端显现出芦荻花。一开始，那些含苞的芦荻花是紫色的，随着它像羽毛一样散开，颜色也逐渐变得灰白、雪白。等到秋风吹来，它们如一面面在风中摇曳的三角形小旗帜，细心地纠正着风的偏差。风过去了，它们还保留着风的形状，手挽着手，肩并着肩，踮着脚跟，伸长颈脖，一律向着风去的地方张望，那么整齐无声，似乎在默默地祝福随风远去的花絮。

与芦苇春来万株齐发、葳蕤茂盛的姿态不同，在春天，难觅野菊花的踪影。开花之前，瘦小的它们总是默默地生长在偏僻的角落，不与百花争艳，不与树木争势，不与青草争姿。虽然没有人喝彩，它也不委屈自己，禁锢自己，放弃自己。等到秋风来了，它们就开始尽情地绽放，让整个秋天顿时变得明媚、生动起来。这时，远远近近的田坎上、菜园边、山坡下，到处都是一朵朵、一簇簇、一片片的野菊花，那么的黄澄澄、明灿灿，成了泼洒的阳光、高亢的乐章、耀眼的画卷。看到秋风中一簇一簇、一滩一滩、一坡一坡迎风怒放的野菊花，即使是再郁闷的心也会被它的激情点燃，再忧愁的心也会被它的灿烂驱散。

这就是我们身边的草木。面对脚下的泥土，肥沃也好，贫瘠也罢，它们都安之若素，处之坦然。从它们的身上，看不到自卑郁闷，察不到轻浮焦躁，听不到叹息抱怨，有的只是从容的姿态，平和的心境，默默地追求。

如果问人们，草木与美女，你更喜欢看的是什么？我觉得，大多数人都会选择后者。的确，那些面目清秀、气质怡人的美女们，能养眼，能悦心。可是，草木不是她们的陪衬，草木自有草木的妖娆。

即使我们很少会在一片草地面前停下脚步，很少会对一棵小树回眸凝视。但是，草木却是我们在漫长的行走中难以缺少的风景，很大程度上是我们热爱生活的依据。不是吗？草木那丰富的形，给人生感动；草木那缤纷的花，给心灵喜悦；草木那蓬勃的绿，给生命活力。

诗歌里说，北方有佳人，倾国又倾城。这样的佳人，也许我们无缘得见，可是草木，那寻常的草木，即是我们身边亲密的佳人。它们的美丽、妖娆，能将整个春天装扮，能将整个大地装扮。

人生随感

走在校园里,偶见路边的几株花木枝头寥落,心中不禁一颤,惊叹花期如此短暂。就在前几天,我还在满怀新奇地欣赏点染枝头的艳艳花朵。倏忽之间,已难觅芳踪,原来时节已到暮春。

再一次想到林黛玉的《葬花吟》。在那个繁花开遍又悄然飘落的大观园里,黛玉的吟唱让人黯然神伤:"花谢花飞飞满天,红消香断有谁怜","侬今葬花人笑痴,他年葬侬知是谁","一朝春尽红颜老,花落人亡两不知"。"秉绝代姿容,具稀世俊美"的"咏絮才",面对落红片片的情景,怎不产生"红颜易老,人生易逝"的感慨?在黛玉的心中,人生如花,"明媚鲜妍能几时?一朝漂泊难寻觅"。这联想是如此贴切,如此让人感伤。我想,人生又未必比得上花草。花谢花又开,小草春风吹又生,而人生呢?每一个人的人生都是孤本,都是绝版。

岂止是多愁善感的黛玉?感叹人生的短促,也是古今诗文一个永恒的主题。《庄子》曰:"人生如白驹过隙,忽然而已。"《论语》云:"子在川上曰,逝者如斯夫!不舍昼夜。"张若虚《春江花月夜》:"江畔何人初见月,江月何年初照人?人生代代无穷已,江月年年只相似。"陈子昂《登幽州台歌》:"前不见古人,后不见来者。"苏轼《前赤壁赋》:"寄蜉蝣于天地,渺沧海之一粟。哀吾生之须臾,羡长江之无穷。"……在伟大永恒的自然面前,人的一生并不比"朝生暮死"的蜉蝣更长久。正是这些句子,让我体悟到人生的短暂。明月依然是昨日的明月,江水滔滔永不停息,而人呢?所谓物是人非,所谓年年岁岁花相似,岁岁年年人不同。然而我们忙于生活,我们醉心于迷恋的事物,我们在忘我地追求着什么……纷繁的生活中,我们又有几多时光静下心来去思索人生,去关注内心的感受呢？

我们也曾无数次被告诉人生易老，一寸光阴一寸金，需珍惜时间。可是，如果内心没有被触动过，没有主动去思考过这个问题，是无法深切体会的。当你一旦被死亡的必然到来震撼时，周国平的《思考死，有意义的徒劳》中的这段话，便像发自你的肺腑一般："我无法只去注意金钱、地位、名声之类的小事，而对终将使自己丧失一切的死毫不关心。人生只是瞬间，死亡才是永恒，不把死透彻地想一想，我就活不踏实。"一个人只要思考过死亡，不管是否获得使自己满意的结果，他都好像是把人生的边界勘察了一番，看到了人生的全景和限度。如此他就会形成一种豁达的胸怀，在沉浮人世的同时也能跳出来加以审视。他固然仍有自己的追求，但不把成败得失看得太重要。他清楚一切幸福和苦难的相对性质，因而快乐时不会忘形，痛苦时也不致失态。

明了这些，人生便豁然开朗。我们当如何来度过这不可多得的人生呢？儒家道家对待人生，入世出世各不相同，那么人生是轰轰烈烈的好，还是平平淡淡的好呢？在于丹的《<论语>心得》中我找到一种答案。成功的人生不一定就是丰功伟绩，名利权势，令人艳羡的职位等等；而是关注到自己的内心感受，做着自己喜欢的事情，获得了我们内心需要的东西。在追求这样的人生过程中，我们的内心不是痛苦的，而是充满欢乐。正如孔子所言，"饭疏食饮水，曲肱而枕之，乐亦在其中矣"。这正是我追求的。人生有时也不得自由，现实有束缚种种。每个人身上有各种责任，这是我们不能逃避的。无可奈何间，我这样定位我的人生：此生尽情足矣。何谓尽情？为吾之应为，为吾之欲为。此生应首先要做自己应该做的事，这就是一个人活着的责任和义务，做好了这些再做自己想做的事，追求内心渴望的东西。当然，每个人心中都会有自己满意的人生图画，不管怎样，只要这正是你想的人生的状态便好。

童话《海的女儿》中说每一个美人鱼在生命结束的时候都会化作水上的泡沫。而无论化作水上的泡沫还是天空中的云朵的时候，我们能坦然面对，一生终结，了无遗憾，能由衷地感叹：此生足矣，无待来生。